極簡烹飪教室 2
海鮮、湯與燉煮類

How to Cook Everything The Basics:
All You Need to Make Great Food
Seafood, Soups and Stews

馬克・彼特曼
Mark Bittman

目錄

湯和燉煮料理 Soups and Stews — 45

如何使用本書

《極簡烹飪教室》全系列不只是食譜，更含有系統性教學設計，可以簡馭繁，依序學習，也可運用交叉參照的設計，從實作中反向摸索到需要加強的部分。

基礎概念建立

料理的知識廣博如海，此處針對每一類料理萃取出最重要的基本知識，為你建立扎實的概念，以完整發揮在各種食譜中。

食譜名稱

本系列精選的菜色不僅是不墜的經典、深受歡迎的必學家庭料理，也具備簡單靈活的特性，無論學習與實作都能輕易上手，獲得充滿自信心與成就感的享受。

簡單介紹

一眼讀完的簡單開場，讓你做好心理準備，開心下廚！

食材

這道菜所需要的材料分量，及其形態或使用性質。

補充說明

提醒特別需要注意的細節。

基本步驟

以簡約易懂的方式，引導你流暢掌握時間程序，學會辨識熟度、拿捏口味，做出自己喜歡的美味料理。

蒜味蝦
Shrimp Scampi

時間：20 分鐘
分量：4 人份

這道菜赫赫有名，因為實在太過美味，而且簡單到不可思議。

· ⅓ 杯橄欖油，可視需要多加
· 1 大匙大蒜末
· 700 克的中蝦或大蝦，去殼
· 鹽和新鮮現磨的黑胡椒
· 2 大匙新鮮檸檬汁或白酒
· 2 大匙切碎的新鮮歐芹葉

1. 橄欖油倒入大型平底煎鍋內，開小火。放入大蒜，拌炒到變成金色，約 2~3 分鐘。

2. 轉中大火，放入蝦子，撒一點鹽和胡椒。把蝦子均勻鋪開。

我不會費心把細黑腸線去掉，顯意花時間，可線挑出來。

我會把蝦尾捏斷，畢竟蝦尾不能吃，但有些人喜歡留著尾巴。

蝦子剝殼 先把尾部捏斷，再從蝦子腹部剝開蝦殼，像脫夾克一樣。用手指沿著蝦仁摸看看是否有碎殼留下。

重點圖解

重要步驟特以圖片解說，讓你精準理解烹飪關鍵。

轉變成粉紅色，約
⋯翻面。繼續煎，可
⋯整隻蝦子都變成粉
⋯乎不透明，約再多
⋯煎鍋內太乾，可多

⋯大匙水，拌勻，再
⋯讓醬汁收乾一點。
⋯上桌。

極簡小訣竅

▶ 自己剝蝦仁是有好處的，因為
蝦殼是很棒的高湯基材。如果
一、兩天內沒有要熬高湯，可以
先把蝦殼冷凍起來。
▶ 要確定蝦子是否熟透，最好的
方法是拿刀子切開。整條蝦肉都
應該是不透明的白色，但吃起來
不會很韌。假如不是這樣，可能
有點不熟。其實直到上桌之前，
餘熱都會繼續把蝦子變熟。

變化作法

▶ **香辣炒蝦**：不用歐芹，而且全
部用水或白酒取代檸檬汁。步驟
2 放入蝦子時，同時加入 1 茶匙
的孜然粉和 1½ 茶匙的紅辣椒粉
拌勻。
▶ **香草蒜味蝦**：大蒜的用量增為
2 倍。在步驟 2，把 4 顆切成小
塊的羅馬番茄（李子番茄）與蝦
子一起放入煎鍋。以切碎的新鮮
胡荽葉取代歐芹，並以萊姆汁取
代檸檬汁。蝦子會多花一、兩分
鐘才變成粉紅色。

延伸學習

變成粉紅色 蝦子只要煮 1 分
鐘就會開始變色，大蝦子可能
要煮久一點才能熟透。

查看熟度 中心只剩微微透明
即可關火。上桌之前，蝦子在
熱油裡會繼續受熱，變得更
熟。

慢慢加熱大蒜，可
⋯苦，還可大大增強

變化作法

可滿足不同口味喜
好，也是百變料理的
靈感基礎。

延伸學習

每道菜都包含重要的
學習要項，若擁有一
整套六冊，便可在此
參照這道菜的相關資
訊，讓你下廚更加熟
練。*

＊ 代號說明：
本系列為 5 冊＋特別冊，B1
代表第 1 冊，B2 為第 2 冊⋯⋯
B5 為第 5 冊，S 為特別冊。

為何要下廚?

現今生活，我們不必下廚就能吃到東西，這都要歸功於得來速、外帶餐廳、自動販賣機、微波加工食品，以及其他所謂的便利食物。問題是，就算這些便利的食物弄得再簡單、再快速，仍然比不上在家準備、真材實料的好食物。在這本書裡，我的目標就是要向大家說明烹飪的眾多美好益處，讓你開始下廚。

烹飪的基本要點很簡單，也很容易上手。如同許多以目標為導向的步驟，你可以透過一些基本程序，從 A 點進行到 B 點。以烹飪來說，程序就是剁切、測量、加熱和攪拌等等。在這個過程中，你所參考的不是地圖或操作手冊，而是食譜。其實就像開車（或幾乎任何事情都是），所有的基礎就建立在你的基本技巧上，而隨著技巧不斷進步，你會變得更有信心，也越來越具創造力。此外，就算你這輩子從未拿過湯鍋或平底鍋，你每天還是可以（而且也應該！）在廚房度過一段美好時光。這本書就是想幫助初學者和經驗豐富的廚子享有那樣的時光。

在家下廚、親手烹飪為何如此重要？

▶ **烹飪令人滿足** 運用簡單的技巧，把好食材組合在一起，做出的食物能比速食更美味，而且通常還能媲美「真正的」餐廳食物。除此之外，你還可以客製出特定的風味和口感，吃到自己真正喜歡的食物。

▶ **烹飪很省錢** 只要起了個頭，稍微花點成本在基本烹飪設備和各式食材上，就可以輕鬆做出各樣餐點，而且你絕對想不到會那麼省錢。

▶ **烹飪能做出真正營養的食物** 如果你仔細看過加工食品包裝上的成分標示，就知道它們幾乎都含有太多不健康的脂肪、糖分、鈉，以及各種奇怪成分。從下廚所學到的第一件事，就是新鮮食材本身就很美味，根本不需要太多添加物。只要多取回食物的掌控權，並減少食用加工食品，就能改善你的飲食和健康。

▶ **烹飪很省時** 這本書提供一些食譜，讓你能在 30 分鐘之內完成一餐，像是一大盤蔬菜沙拉、以自製番茄醬汁和現刨乳酪做成的義大利麵、辣肉醬飯，或者炒雞肉。備置這些餐點所需的時間，與你叫外送披薩或便當然後等待送來的時間，或者去最近的得來速窗口點購漢堡和薯條，或是開車去超商買冷凍食品回家微波的時間，其實差不了多少。仔細考慮看看吧！

▶ **烹飪給予你情感和實質回饋** 吃著自己做的食物，甚至與你所在乎的人一同分享，是非常重要的人類活動。從實質層面來看，你提供了營養和食物，而從情感層面來看，下廚可以是放鬆、撫慰和十足快樂的事，尤其當你從忙亂的一天停下腳步，讓自己有機會專注於基本、重要又具有意義的事情。

▶ **烹飪能讓全家相聚** 家人一起吃飯可以增進對話、溝通和對彼此的關愛。這是不爭的事實。

學會烹煮海鮮是世上最值得做的事情之一。首先，魚類是最健康的肉類蛋白質。其次，烹煮魚類可以得到極大的回報：不但多樣化的風味和質地令人驚歎，而且只需要了解幾項基礎烹飪技術，就能料理所有海鮮。此外，煮熟海鮮的時間很少會超過 10 分鐘，你很快就會得到回報。簡單、快速、健康，而且絕對不無聊，還有什麼比這更好？

令人挫折的事實則是，要買到鮮美的魚蝦蟹貝遠比烹煮還要難。大家都知道許多海鮮已瀕臨絕種，也明白海鮮大多是人工養殖的，卻常常無從知道哪些魚是野生、哪些可以永續捕撈、哪些是人工養殖，哪些來自本地水域、哪些又是從世界上的其他地方運來的。這一章會談到採買海鮮的原則，讓你買到新鮮、美味，而且不至於破壞環境的海鮮。

只要廚房裡有了優質海鮮，就可以做出無限多種好料理。你會在這裡學到許多好用的方法，從燒烤、炙烤、熱炒、烘烤，到清蒸和水煮。你也會認識哪些相近的海鮮可歸為同一類（像是分成魚排、厚魚片、薄魚片和蝦蟹貝類等），並學會判斷各種海鮮烹煮到什麼程度，你會最愛吃。

等你學會哪些海鮮適合用什麼方式烹煮、要烹煮多久，就已經出師，幾乎能完美料理所有海中食物了。

海鮮
Seafood

魚類的基本知識

購買和保存海鮮的 5 大守則

1. **聽從你的鼻子** 請從聞起來沒有怪味的乾淨店鋪購買魚類。在那樣的店鋪裡，魚會展示在冰塊上，而不是包裝起來。這可能要去超市的魚櫃或魚販的店鋪尋找。

2. **保留一點彈性** 你能想到的每一種魚，都有其他很相似的魚，彼此是可以替換的。所以不必只鎖定單一種魚，可以想想下一頁介紹的三大類形態，然後選擇每一大類看起來最棒的種類。

3. **挑剔一點** 請購買聞起來有鹹味、很新鮮的魚（有大海的氣息），千萬不要帶有類似化學物質的臭味或刺激味。避免購買任何軟爛、乾巴巴的魚，裂傷的也不行，魚肉會從那裡分離。如果你不確定，請站在魚櫃後面的新朋友拿出魚，讓你聞一聞或湊近看。

4. **選擇安全和永續捕撈的海鮮** 許多海鮮品種已經捕撈過度，或因汙染而瀕臨滅絕，而人工飼養的魚類又不一定是最好的替代品。許多聲譽卓著的組織可以幫助你判斷哪些魚類和蝦蟹貝類應該避免購買，相關列表會隨著魚類族群本身狀況而變動。可以參考美國蒙特雷灣水族館的網站：montereybayaquarium.org/cr/seafoodwatch.aspx，或台灣魚類資料庫網站：http://fishdb.sinica.edu.tw/chi/seafoodguide.php

5. **低溫保存** 為了維持海鮮的好品質，購買之後立刻回家（或請店家用碎冰把魚包起來），解凍的海鮮也要在一天之內烹煮完畢。冷凍海鮮的品質會隨著時間逐漸下降，最好在幾個月內吃完。

魚鮮如何分類？

烹煮魚類時，其實魚的種類不太重要，魚肉切塊的形式和厚度影響反而更大。以下介紹各種魚肉切塊可以如何烹煮。

厚魚片 初學者很適合從這裡著手。所有魚塊至少應該有 2.5 公分厚，而且夠結實，這樣烹煮時若有需要才能翻面。有時還附有魚皮，魚片比較不會散開。從魚尾切下來的肉塊形狀可能不太一致，所以要記住，有些部位會較快煮熟，但一般說來可以這樣估算：每 2.5 公分厚的烹煮時間約是 8~10 分鐘。

薄魚片 這裡列出的一些魚，特別是所謂的「鰈魚」（如比目魚和真鰈），厚度約為 0.6 公分，不到 2 分鐘就會煮熟，其他魚會稍微厚一點。我的食譜如果用薄魚片，都可以用比較結實的魚片取代（煮久一點即可）。若反過來用細緻的魚片取代結實的厚魚片，烹煮時可能會散開。

魚排 從橫截面把魚切成一片片，得到的就是魚排。如果是非常大的魚，像是鮪魚和旗魚，魚排是沒有魚骨的。體型較小的魚，如鮭魚或大比目魚，魚排就會有魚骨和魚皮。魚排的肉如果很結實（有些魚排又比其他的更結實），表示魚排禁得起燒烤，而且由於厚度一致，通常熟得很均勻，大約每 2.5 公分厚的烹煮時間約為 8~10 分鐘。

魚類的熟度

魚肉很快就會乾掉，最好不要完全煮熟（看一下內部狀況），這樣比煮過頭還好。大多數種類最好煮到五分熟，內部還有一點點透明，也剛要開始裂成薄片。有些魚（像是高品質的鮪魚）甚至料理成一分熟比較好，這時內部看起來還是生的。每一道食譜都會逐例教你判斷熟度，直到你熟能生巧為止。

你料理過越多種魚類，就越能用肉眼觀察來判斷熟度，甚至不需要切開查看內部。到最後，你會掌握到要領，知道可以從哪些地方判斷熟度，例如用手指戳戳魚肉最厚的部位。

厚魚片（大比目魚）

魚排（鮭魚）

薄魚片（鱒魚）

三大魚肉類別

只要屬於同一類別，不同魚種也可以用相同方式烹煮，但是風味和質地各有千秋。這裡很快歸納出最常見的種類：

厚魚片

鮭魚 和鮭魚排風味相同。

大比目魚 風味溫和，肉層結實、大片。

條紋鱸魚 風味中等，肉質豐厚，肉層薄。

鱈魚 風味溫和，肉層大片，肉質相當結實。

鯰魚 質地緻密，風味強烈（有些人說有土味）。

海鱸 可做成厚魚片和薄魚片。風味適中，相當結實，與紅鯛非常相似。

鯖魚 深色，多油脂，風味濃郁。

薄魚片

真鰈 溫和，幾乎有甜味，而且很細緻。

比目魚 很嫩（有時很軟），風味溫和。

鱒魚 結實，很像生活在淡水的清淡鮭魚。

海鱸 可做成厚魚片和薄魚片。風味適中，肉質非常結實，與紅鯛非常相似。

吳郭魚 養殖魚類，越來越容易買到，但風味和質地不吸引人。

魚排

鮭魚 獨特的強烈風味，通常令人喜愛的豐富油脂。野生比養殖好。

大比目魚 結實，風味適中。

鱈魚 比較細緻，是大比目魚的替代首選。

旗魚 肉質豐厚，風味濃郁。

鮪魚 通常做成生魚片或炙燒生魚片。肉質豐厚而軟嫩，幾乎有甘甜風味。

燒烤魚
或炙烤魚

Grilled or Broiled Fish

時間：20 分鐘

分量：4 人份

跟煮雞肉片一樣快，也跟牛排一樣美味。

- 4 塊小魚排或 2 塊大魚排，或者厚魚片（至少 2.5 公分厚，全部加起來 700 克重）
- 2 大匙橄欖油，可視需要多加
- 鹽和新鮮現磨的黑胡椒
- 2 顆檸檬，切成四等分，吃的時候附上

1. 準備燒烤爐，或打開炙烤爐。熱度應為中大火，金屬架距離熱源約 10 公分。魚的兩面刷上大量橄欖油，並撒點鹽和胡椒。

2. 燒烤法：把魚直接放在燒烤爐的炭火正上方，直到第一面微微烤焦，約需 3~4 分鐘。烤到邊緣變得不透明，且底部形成一層脆殼，接著用鍋鏟小心翻面再烤，再烤 2~4 分鐘，直到魚排剛好熟透。

3. 炙烤法：把魚放進帶邊淺烤盤，再放進炙烤爐。這不會烤出燒烤法那樣的褐色，但也不需要翻面。注意觀察，只需烤到頂部變得不透明，魚肉摸起來也很結實為止，估計約 2~10 分鐘，端看魚排的厚度和炙烤爐的強度而定。

4. 要知道魚肉是否烤熟，可拿削皮小刀刺入魚肉，如果刀子沒有遇到什麼阻力，而且魚肉的中心只剩些微透明，就表示烤好了。立即上桌，搭配檸檬切塊，以及炙烤時滲到烤盤的湯汁。

檢查熟度 唯一能檢查熟度的確切方法，就是切道小口，直接觀察內部。如果還沒烤熟，過 1 分鐘後再查看同一地方。

判斷熟度 對大多數魚種來說，只要魚排的中心烤到微微透明，就可以離火，殘餘的熱度會繼續加熱，讓魚排變成完全不透明。

這是非常棒的「壽司等級」鮪魚，我喜歡烤出一層熟脆殼，而內部幾乎還是生的。必須用非常高熱的火力，或讓炙烤盤靠近熱源一點，才能烤成這個樣子。

極簡小訣竅

▶ 把魚排放上金屬架前，先用鋼刷把金屬架刷乾淨。金屬架很燙時比較容易清理。乾淨的金屬架比較不會黏魚肉。

▶ 烹調的時間，端看燒烤爐和炙烤爐的火力、魚排的厚度、你喜歡烤得多熟而定。如果喜歡吃生一點的魚排，每一面約烤 2~3 分鐘，想要熟一點則烤 4~5 分鐘。就我而言，魚排寧可太生也不要過熟，但最終結果由你決定。

變化作法

▶ **搭配醬油和萊姆醃醬：**用蔬菜油取代橄欖油，不用加鹽和胡椒。在步驟 **1** 之前，混合蔬菜油、2 大匙醬油和 1 顆萊姆汁做成醃醬，醃漬魚肉約 15~30 分鐘，過程中翻面一、兩次。取出魚排，輕拍幾下使醬汁滴乾，然後繼續依照食譜進行。吃的時候搭配萊姆切塊。

▶ **魚肉沙威瑪：**在步驟 **1** 之前，把魚排切成厚度約 4 公分的魚塊，串上烤肉叉，刷上橄欖油，撒點鹽和胡椒，再按照後續步驟進行。

延伸學習

烤箱「炸」魚片

Oven-"Fried" Fish Fillets

時間：25 分鐘
分量：4 人份

毫不費力就能又酥又脆。

- 4 大匙（½ 條）奶油，使之融化，橄欖油也可以
- 700 克厚魚片
- 1½ 杯牛奶、白脫乳或優格
- 2 杯麵包粉，新鮮的最好，裹粉用
- 鹽和新鮮現磨的黑胡椒
- 2 顆檸檬，切成四等分，吃的時候附上

1. 將烤箱預熱到 230℃，金屬架放在上方 ⅓ 處。把一半的奶油塗在帶邊淺烤盤裡。預熱烤箱時，魚片橫切成 4 或 8 塊容易處理的大小，放進裝有牛奶的大碗裡，浸泡幾分鐘。把麵包粉放進盤子裡，撒一點鹽和胡椒。

2. 等烤箱預熱好，把魚塊從牛奶裡取出滴乾，趁魚塊微微濕潤時裹上麵包粉。隔著麵包粉輕壓魚肉，使之黏牢，再甩掉餘粉，移到準備好的烤盤上，淋上剩餘的 2 大匙奶油。

3. 放入烤箱，烤到魚肉表面酥脆，內部柔軟、不透明卻又不乾的狀態，約 8~15 分鐘，視魚塊厚度而定。搭配檸檬切塊上桌。

用白脫乳或優格會讓魚肉的味道比較強烈。輕輕甩掉多餘的液體，或用手撥掉也可以。

切開魚片 你會希望魚塊好處理又方便食用，所以可以把魚片切成或大或小的塊狀，端看一開始的魚片有多大而定。

沾點牛奶 這可以讓麵包粉緊附在魚肉上，但不需要浸泡得很濕。

變化作法

▶ **油煎魚片**：會更酥脆。一半的奶油放入大型平底煎鍋內，開中火。奶油一燒熱，魚塊即可下鍋，不要放得太擠（可能需要分批煎）。煎一下，翻面一次，直到兩面都煎得金黃酥脆，內部也變得不透明，約 8~15 分鐘。重複同樣步驟，需要的話再放一點奶油。已煎好的魚片放入 90℃的烤箱內保溫。

▶ **玉米裹粉「炸」魚片**：麵包粉改玉米粉，或用一半玉米粉、一半中筋麵粉的裹粉。

▶ **辣椒萊姆「炸」魚片**：不用牛奶和麵包粉。在步驟 **1**，整片抹上 1 顆萊姆汁後，在淺盤裡將 1 杯中筋麵粉、1 大匙辣椒粉、鹽和胡椒混勻成辣味麵粉。在步驟 **2**，讓魚片裹上辣味麵粉，接著繼續後續步驟。最後搭配萊姆切塊一起上桌。

魚片裹粉 為了確保整塊魚片都很酥脆，魚片要均勻裹上麵包粉，但不要太厚。最後輕拍魚片，把多餘的麵包粉甩掉。

淋上油脂 把奶油或橄欖油淋到魚片上，盡可能淋均勻，有助麵包粉烤成褐色。

酥脆芝麻魚片

Crisp Sesame Fish Fillets

時間：20 分鐘
分量：4 人份

芝麻可為肉質細緻的魚片創造難以抗拒的酥脆外殼。

- 4 片薄魚片（約 700 克）
- 鹽和新鮮現磨的黑胡椒
- 1 杯芝麻
- 1 大匙黑芝麻油
- 2 大匙蔬菜油，可視需要多加
- 2 大匙切碎的新鮮薄荷葉或胡荽葉，裝飾用
- 2 顆萊姆，各切成四等分，吃的時候附上

1. 烤箱預熱到 90℃。魚片兩面撒上鹽和胡椒。盤子裡放上芝麻再放魚片，讓魚片兩面沾滿芝麻，輕壓幾下，使芝麻黏牢，然後甩掉多餘的芝麻。

2. 芝麻油和蔬菜油倒入大型平底煎鍋，以中大火燒熱，取兩片魚放入煎鍋內。

3. 注意調整火力，維持滋滋作響又不至於燒焦的狀態，直到芝麻發出香味而魚肉也逐漸不透明，約 2~3 分鐘。小心翻面，再煎 1~2 分鐘。

4. 煎好的魚片移到耐烤盤裡，進烤箱保溫。若要繼續煎，可多加一點蔬菜油到煎鍋內，使鍋面維持一層薄油，燒熱後即可放入魚片煎。上菜時，用薄荷作裝飾，並配上萊姆切塊。

可以先放幾粒芝麻到油鍋裡測試，芝麻應該會滋滋作響，且向外噴濺。

需要的話請調整火力，以免芝麻煎得太焦黑。

魚片裹芝麻 隔著芝麻輕輕按壓魚片，使芝麻黏牢，再拎起魚片一端，輕輕甩掉沒有黏緊的芝麻。

熱鍋 鍋子沒有完全燒熱，芝麻就不會很快變得酥脆。加熱到油微微發亮，魚片在冒煙之前下鍋。

查看魚片底部 魚片很快就會煎熟，而這是確認芝麻層沒有燒焦的唯一方法。

極簡小訣竅

薄魚片會占去很多空間，所以請分成兩批下鍋。

變化作法

▶ **醬燒酥脆芝麻魚片**：步驟 **4** 從煎鍋內移出魚片後，轉中火，加入 1 大匙黑芝麻油、¼ 杯醬油、¼ 杯水和 2 大匙糖。煮時一邊攪拌，把所有黏鍋的褐色碎屑都刮起來，直到糖溶解，約 1~2 分鐘，然後淋到魚片上，並用胡荽和萊姆切塊作裝飾，喜歡的話也可以撒上 ¼ 杯切碎的青蔥。

▶ **一分熟的芝麻鮪魚**：用鮪魚魚排，這會比魚片厚很多。但鮪魚肉最好很生，所以可以按照食譜，用大致相同的時間煎，只要煎到芝麻散發香味就可以。

▶ **酥脆開心果魚片**：以食物調理機或果汁機打碎 1 杯開心果仁取代芝麻，以橄欖油取代芝麻油和蔬菜油煎魚。魚片裹上開心果，接著繼續後續步驟。吃的時候附上檸檬切塊。

延伸學習

蒸魚佐普羅旺斯燉菜

Steamed Fish with Ratatouille

時間：1 小時
分量：4 人份

蔬菜是最棒的「蒸籠」，蒸魚的同時煮好配菜。

- 1 大條或 2 中條櫛瓜
- 1 中條或 2 小條茄子
- 1 顆中型的紅燈籠椒，去核
- 2 中顆或 3 小顆番茄，去蒂頭
- 3 大匙橄欖油，視需要多加
- 1 大匙大蒜末
- 1 大顆洋蔥，切成小塊
- 鹽和新鮮現磨的黑胡椒
- 1 大匙新鮮的百里香葉
- ½ 杯尼斯橄欖或卡拉瑪塔橄欖，去核，非必要
- 4 片厚魚片或魚排（約 700 克）
- ½ 杯稍微切碎的新鮮羅勒葉

1. 修整櫛瓜和茄子，切成 2.5 公分的小塊。燈籠椒切成條狀，番茄也切成小塊，保留汁液。

2. 2 大匙油倒入大型平底煎鍋內，開中大火，立刻放入大蒜。等到開始滋滋作響時，放入洋蔥並撒點鹽和胡椒。一邊攪拌直到洋蔥開始變軟，約 3~5 分鐘。

3. 放入櫛瓜、茄子、燈籠椒，再撒一點鹽和胡椒。注意火力，不要讓蔬菜燒焦，攪拌到茄子煮得相當軟，約再多煮 10~15 分鐘。放入番茄和汁液、百里香，若要加橄欖就在這時加入，偶爾攪拌，再煮 5~10 分鐘，煮到番茄開始散掉。嘗嘗味道並調味。

4. 魚片撒上一點鹽和胡椒，放到蔬菜上。調整火力，慢慢熬。蓋上鍋蓋，煮到整個魚片都變得不透明、用削皮小刀刺入魚肉最厚的部分也沒有遇到阻力。這段時間約 5~12 分鐘，視魚片厚度而定。

5. 魚片裝盤，把羅勒拌入蔬菜裡，用湯匙舀起蔬菜放在魚片周圍，再把剩餘的 1 大匙橄欖油淋在所有材料上（若喜歡也可多加一點），上桌。

煮軟蔬菜　蔬菜會比魚片多花一些時間才能煮到熟透，而且要先等到其他蔬菜煮軟並帶有一點褐色，再加入番茄。

放入魚片　將番茄煮到散開時，番茄的汁液會產生蒸汽，就是要用這些蒸汽把魚蒸熟。放入魚片，讓鍋內維持溫和冒泡。

魚片一煮好就從煎鍋取
出，不要繼續加熱。

辨識熟度　刀子應該可以很容
易刺入魚肉又拉出，而且內部
不透明，看起來不乾。

極簡小訣竅

▶ 如果是用旗魚和鮪魚，小心不
要蒸太久。其他魚類不會像這兩
種魚這麼快變乾。

▶ 重點是，花更長時間才能煮熟
的材料要先放進去煮，也可以搭
配雞胸肉或其他很快就能煮熟的
肉塊。

變化作法

▶ **韭蔥蒸魚：**不用櫛瓜、茄子、
燈籠椒、番茄、百里香和橄欖。
修整 700 克韭蔥（蔥白段和蔥
綠段分開），以濾鍋清洗掉所有
沙子。從步驟 **2** 開始，把韭蔥
放入熱油中拌炒到軟且開始變金
色，約 5~10 分鐘。加入 ½ 杯
白酒或水煮到微微冒泡。接著從
步驟 **4** 繼續。

▶ **青江菜蒸魚：**不用櫛瓜、茄子、
燈籠椒、番茄、百里香和橄欖。
在步驟 **2** 把 450 克切成小段的
青江菜、¼ 杯醬油和 ¼ 杯水放
入煎鍋內拌炒，直到青江菜開始
收縮，約需 3~5 分鐘。接著從
步驟 **4** 繼續。

延伸學習

烘烤
奶油鮭魚

Roasted Salmon with Butter

時間：20 分鐘

分量：6~8 人份

這道菜很適合宴客，可以熱騰騰上菜，或放到常溫再吃。

- 4 大匙（½ 條）奶油
- 鹽和新鮮現磨的黑胡椒
- 1 塊鮭魚片（900~1350 克），視喜好留著魚皮
- 2 大匙切碎的新鮮歐芹葉，裝飾用

1. 烤箱預熱到 250℃，把奶油放入帶邊淺烤盤，撒上鹽和胡椒，放進烤箱，融化奶油，大約 1 分鐘。小心觀察，奶油不再冒泡時拿出烤盤。

2. 鮭魚放到烤盤上，魚皮面朝下，多撒一點鹽和胡椒，放進烤箱烤。

3. 烘烤到鮭魚剛好烤熟，約 8~12 分鐘。用削皮小刀刺入肉層之間確認熟度，中心部位應該是亮粉紅色，微透明。用歐芹裝飾，上桌。

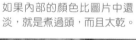
魚肉還會稍微轉褐，但外部不會產生脆殼。

如果內部的顏色比圖片中還淡，就是煮過頭，而且太乾。

融化奶油 查看烤箱裡的奶油狀況，大約幾秒鐘就會開始冒泡，泡沫一消退就小心取出烤盤。傾斜烤盤，讓奶油流動覆蓋整個烤盤底部，放上鮭魚。

查看熟度 即使外層已變得不透明，若內部仍是深粉紅色或橘色，代表還沒熟透。鮭魚煮熟的速度非常快，請時時檢查內部狀況，看看顏色是否鮮亮。

辨識熟度 熟度剛剛好的鮭魚，可以剝成柔軟的大片肉層，而中心仍呈鮮亮的粉紅色。離火後，餘溫還會繼續加熱一下。

極簡小訣竅

▶ 鮭魚在美國是最受歡迎的魚種之一，這也是理所當然，鮭魚的肉質漂亮又柔軟（只要沒有煮過頭），而且風味迷人。野生鮭魚如今大多來自美國西北環太平洋地區（大多數來自阿拉斯加），對環境來說這是最好的選擇。而且這些魚的油脂較少、顏色較深，也比養殖的鮭魚好吃許多。

變化作法

▶ **香料植物烤鮭魚**：不用歐芹裝飾。步驟 **1** 改用 2 大匙橄欖油和 2 大匙奶油。在步驟 **2** 鮭魚下鍋時，同時放入 2 大匙切碎的紅蔥和 ¼ 杯切碎的新鮮歐芹或羅勒葉，或 2 大匙切碎的新鮮龍蒿、百里香或蒔蘿葉，再接著後續步驟。

▶ **橄欖和百里香烤鮭魚**：不用歐芹裝飾。取 1 杯卡拉瑪塔橄欖，去核切碎。在步驟 **1** 撒上胡椒，但不要撒鹽，橄欖的鹹度就夠了。步驟 **2** 鮭魚下鍋時，同時放入橄欖和 2 大匙切碎的新鮮百里香葉，再接著後續步驟。

延伸學習

油煎鱒魚佐塔塔醬

Panfried Trout with Tartar Sauce

時間：25 分鐘
分量：2 人份

在自家廚房做出營火晚會的美食。

- ½ 杯美乃滋
- 2 茶匙第戎芥末醬
- 2 大匙切碎的醃漬菜、酸豆，或二者綜合
- 鹽和新鮮現磨的黑胡椒
- 煎炒用蔬菜油
- 2 條鱒魚（每一條大約 360 克），清理乾淨，去頭去尾
- ½ 杯玉米粉
- ½ 杯中筋麵粉
- 2 顆檸檬，切成四等分，吃的時候附上

1. 美乃滋、芥末醬、醃漬菜、一撮鹽和胡椒放進小碗攪勻。蓋上蓋子，最多冷藏一天，或在烹煮鱒魚時靜置於常溫。淺烤盤鋪上紙巾。

2. 大型平底煎鍋內倒入 0.6 公分深的油，以中火燒熱。鱒魚肚和外部都撒上一點鹽和胡椒。玉米粉和麵粉倒進大盤子混勻，撒點鹽和胡椒，用叉子輕拌。將魚的兩面裹上粉料。

3. 油燒熱時，讓魚小心滑入煎鍋內。煎一下，翻面一次，直到兩面都煎成漂亮的褐色，內部也變成白色，約 8~12 分鐘。調整火力，讓魚滋滋作響但不至於煎焦。如果煎鍋裡看起來有點乾，可多加一點油，一次加入 1 大匙。

4. 將鱒魚放到紙巾上，把油吸乾，搭配塔塔醬和檸檬切塊上桌。

也可以分兩批煎四塊魚片，每一面煎 3-5 分鐘就可以翻面。

魚頭和魚尾可以放進冷凍庫，之後用來熬高湯！

認識全魚構造 切掉魚頭和魚尾的魚比較容易處理。可以請魚販幫你切，若你喜歡的話也可以保留。

切開全魚 要切掉魚頭，就從鰓的下方切，魚尾則從尾巴與身體相連處的上方切開。

極簡小訣竅

▶ 你買到的整條鱒魚很可能已經刮除鱗片、去除內臟，甚至整條剖開，不過可能還留有魚頭和魚尾。我覺得烹調全魚更棒，不過如果你不想保留魚頭和魚尾，就用銳利的刀子剁掉。

▶ 煮熟的魚很容易取下魚骨，變成魚片。

變化作法

▶ **油煎鱒魚佐培根：**把 120 克厚切培根切成小塊。在步驟 **2** 把培根和蔬菜油一起放入煎鍋，翻炒到酥脆，再用有孔漏勺把培根撈出來，再接著後續步驟。上菜時，把培根撒在鱒魚上。

▶ **檸檬烤鱒魚：**用這裡的煮法取代主食譜。烤箱預熱到 220°C，鱒魚調好味，取 1 顆檸檬，橫切成薄片，塞進鱒魚腹部的開口，視喜好加上幾枝新鮮的歐芹和百里香。2 大匙橄欖油抹遍魚身，把魚放到淺烤盤上，烤到魚肉變得不透明且肉層分明，約 15~20分鐘。將烤盤的湯汁淋在魚肉上，上桌。

延伸學習

把油燒熱　煎鍋裡的油若只有淺淺一層，不必費事動用溫度計。油若夠熱，撒下一撮麵粉會滋滋作響。

查看熟度　用鍋鏟撥開魚身內部，查看狀況，確認魚肉變得完全不透明。

蝦蟹貝類的基本知識

蝦子

如果你很幸運，住在本地就有新鮮蝦子的地方，那再好也不過。假如不是，那你看到的蝦子不是野生捕獲進口，就是人工養殖，而養殖的最可能是從東南亞進口。

幾乎所有蝦子（屬於甲殼類）在運送前就已冷凍，而我有 99% 的機會是買到尚未剝殼的冷凍蝦，與已經剝殼、清理過的蝦子比起來，這樣比較不方便，但風味比較好。大小蝦子都可以用在這本書的食譜裡，所以請購買你所能找到品質最好的中大型蝦子。

冷凍蝦子可以在冷凍庫保存 1 個月，放更久，蝦子的品質就會明顯下滑，而你應該在解凍當天就吃完。解凍蝦子的方法是放冷藏室 24 小時，或泡冷水，每隔 30 分鐘換一次水，直到解凍為止，通常 1~2 小時內就會解凍。

干貝

干貝非常滑順、充滿大海的鮮味，甘甜，又有不可思議的肉質（不是層層片狀）。干貝是軟體動物，但很少見到外殼。最常見的是海干貝。

干貝通常是冷凍的，販賣時再解凍、浸泡在鹽水溶液裡，這會讓干貝膨脹起來，而且風味會稀釋。請徹底洗淨並瀝乾。如果找到沒有泡過鹽水的干貝（換句話說是乾的），可趕緊買下，這種干貝的品質好太多了。

軟體動物

軟體動物買的時候應該是活的。牠們會緊閉外殼，你沒辦法打開。牠們死了，殼才會打開、裂開，或很容易撥動，這時就不該買。如果看到殼有點打開，請用手指觸碰外殼，會關閉就沒問題，千萬不要買外殼一直打開的。置於碗裡冷藏，這樣牠們還可以呼吸，然後最好在一、兩天內吃掉。

貽貝、蛤蜊和牡蠣有野生，也有養殖。野生的比較美味，但養殖的品質也不錯。蛤蜊和貽貝可以用相同方式烹煮，兩者都要在水龍頭下清洗乾淨，並用刷子刷淨外殼的沙土。

品質最好的牡蠣是在冷水中生長。自己剝牡蠣殼會有一點辛苦，但至少必須親眼看到剝殼，如果打算生吃，最好一撬開就吃掉（本書的牡蠣食譜是剝殼後烹煮）。

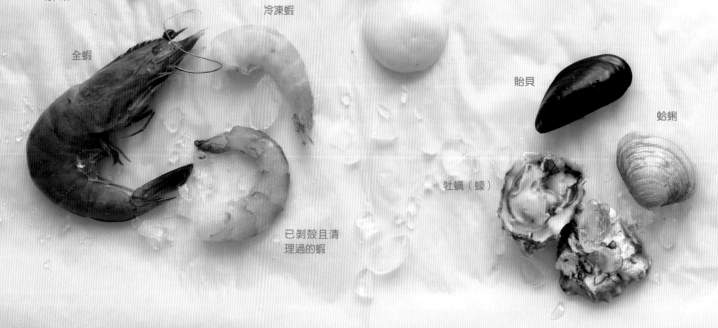

海干貝

冷凍蝦

全蝦

已剝殼且清理過的蝦

貽貝

蛤蜊

牡蠣（蠔）

龍蝦

螯蝦

藍蟹

烏賊

甲殼類

　　最美味的兩種海鮮是龍蝦和螃蟹，就是甲殼類。所有甲殼類都很容易烹煮，只要丟進調味過的滾水就行了。比較費工夫的是烹煮前和烹煮後，也就是購買和食用。

　　購買龍蝦時，要確定龍蝦螯用橡皮筋綁緊，且仍是活的。螃蟹分硬殼和軟殼，而且有活的、熟的或冷凍的（生或熟皆可）可選購，主要視螃蟹種類及你所住的地方而定。如果你要水煮或清蒸螃蟹，螃蟹到下鍋之前應該要一直活蹦亂跳。如果要把已煮熟的冷凍螃蟹重新加熱（剛從冷凍庫拿出來），直接用沸水煮幾分鐘。如果要吃冷的螃蟹，放在冷藏室退冰，約

一天。要做蟹餅或螃蟹沙拉，你會希望用煮熟的蟹肉塊或特大蟹肉塊，這通常以罐頭或塑膠容器包裝販售。除非真有急用，否則盡量買新鮮產品。

　　螯蝦看起來很像迷你龍蝦，烹煮方法也一樣。如同螃蟹，市面上也有活的、熟的，或煮熟後冷凍的螯蝦可選購。

烏賊

　　烏賊也是軟體動物，煮起來超級簡單。你可以買到冷凍烏賊，在冷凍庫裡可以保存 1 個月。若是解凍過的，則在一、兩天內就要煮掉。

　　無論是哪一種，烏賊的身體和觸鬚都應該是白色或帶點紫色，而且聞起來乾淨、甘甜。購買已經清理乾淨的烏賊比較方便，總比被不能吃的部分搞得手忙腳亂要好。

　　常言道：煮烏賊的時間若不是 1 分鐘，就是 1 小時。算是沒說錯。若是煮一分以上、1 小時以內，無論煮多久，烏賊都會有橡皮筋一樣的質地。烏賊一變得不透明（接觸到熱源的 1~2 分鐘內），就已經熟了。

蒜味蝦

Shrimp Scampi

時間：20 分鐘
分量：4 人份

這道菜赫赫有名，因為實在太過美味，而且簡單到不可思議。

· ⅓ 杯橄欖油，可視需要多加
· 1 大匙大蒜末
· 700 克的中蝦或大蝦，去殼
· 鹽和新鮮現磨的黑胡椒
· 2 大匙新鮮檸檬汁或白酒
· 2 大匙切碎的新鮮歐芹葉

1. 橄欖油倒入大型平底煎鍋內，開小火。放入大蒜，拌炒到變成金色，約 2~3 分鐘。

2. 轉中大火，放入蝦子，撒一點鹽和胡椒。把蝦子均勻鋪開。

3. 等蝦子的一面轉變成粉紅色，約 2~3 分鐘，攪拌翻面。繼續煎，可翻炒一下，直到整隻蝦子都變成粉紅色，蝦肉幾乎不透明，約再多 2~3 分鐘。如果煎鍋內太乾，可多加幾滴油。

4. 加入檸檬汁和 2 大匙水，拌勻，再煮 30 秒左右，讓醬汁收乾一點。最後拌入歐芹，上桌。

我不會費心把蝦背上的細黑腸線去掉。如果你願意花時間，可以把腸線挑出來。

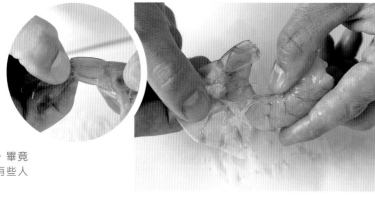

我會把蝦尾捏斷，畢竟蝦尾不能吃，但有些人喜歡留著尾巴。

蝦子剝殼　先把尾部捏斷，再從蝦子腹部剝開蝦殼，像脫夾克一樣。用手指沿著蝦仁摸看看是否有碎殼留下。

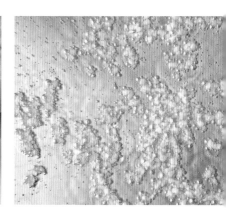

讓油入味　慢慢加熱大蒜，可避免大蒜變苦，還可大大增強油的風味。

極簡小訣竅

▶ 自己剝蝦仁是有好處的，因為蝦殼是很棒的高湯基材。如果一、兩天內沒有要熬高湯，可以先把蝦殼冷凍起來。

▶ 要確定蝦子是否熟透，最好的方法是拿刀子切開。整條蝦肉都應該是不透明的白色，但吃起來不會很韌。假如不是這樣，可能有點不熟。其實直到上桌之前，餘熱都會繼續把蝦子變熟。

變化作法

▶ **香辣炒蝦：**不用歐芹，而且全部用水或白酒取代檸檬汁。步驟 **2** 放入蝦子時，同時加入 1 茶匙的孜然粉和 1½ 茶匙的紅辣椒粉拌勻。

▶ **香草蒜味蝦：**大蒜的用量增為 2 倍。在步驟 **2**，把 4 顆切成小塊的羅馬番茄（李子番茄）與蝦子一起放入煎鍋。以切碎的新鮮胡荽葉取代歐芹，並以萊姆汁取代檸檬汁。蝦子會多花一、兩分鐘才變成粉紅色。

延伸學習

變成粉紅色 蝦子只要煮 1 分鐘就會開始變色，大蝦子可能要煮久一點才能熟透。

查看熟度 中心只剩微微透明即可關火。上桌之前，蝦子在熱油裡會繼續受熱，變得更熟。

芹菜炒蝦

Stir-Fried Shrimp with Celery

時間：20~30 分鐘

分量：4 人份

快速，簡單，健康，而且絕對比外帶食物好吃多了。

- 700 克中蝦或大蝦，去殼（保留蝦殼）
- 3 大匙蔬菜油
- 鹽和新鮮現磨的黑胡椒
- 1 大匙大蒜末
- 1 大匙薑末
- 1 小顆紅洋蔥，剖半再切片
- 8 根芹菜莖，切成棒狀
- 2 大匙醬油
- 1 茶匙黑芝麻油
- ¼ 杯切碎的腰果，裝飾用，非必要

1. 如果自己剝蝦，把蝦殼放進醬汁鍋，加入 1 杯水，開大火，煮到滾，再轉小火，蓋上鍋蓋熬煮一下，同時準備炒蝦。（如果買的是蝦仁，就跳過這個步驟）

2. 2 大匙蔬菜油放入大型平底煎鍋內，開大火把油燒熱，放入蝦子，撒點鹽和胡椒。邊加熱邊拌炒，直到整隻蝦子完全變成粉紅色且中心幾乎不透明，約 3~4 分鐘。用有孔漏勺把蝦子撈到盤子裡。

3. 剩餘的 1 大匙油倒入煎鍋，放入大蒜末和薑末。拌炒 15 秒，放入洋蔥和芹菜。持續拌炒到芹菜稍微變軟但仍帶爽脆，約 3~5 分鐘。如果步驟 1 熬了蝦高湯，這時可把蝦殼撈除。

4. 蝦子倒回煎鍋，加入 ½ 杯蝦高湯（沒有熬蝦高湯就加水）、醬油和芝麻油，再煮 1 分鐘，收乾一點湯汁即可關火。如果鍋裡太乾，可補一點水或高湯，一次加入 1 大匙。如果想加腰果，這時拌入即成。

讓水維持溫和地沸騰冒泡。

快速熬製蝦高湯 蝦殼很快就會釋出風味（不到 10 分鐘），所以當你準備要把液體倒入煎鍋內時，蝦湯也熬好可以用了。

把芹菜切成棒狀 用削皮小刀或主廚刀的刀尖，把每一根芹菜莖縱剖成數根長條，再橫切成 4 公分的火柴棒狀。

極簡小訣竅

▶ 盡量買帶殼的蝦子,自己剝殼。熬出的蝦高湯可以大大增添風味,雖然比較費工,卻很值得。

▶ 我喜歡把芹菜切成細長棒狀去炒,但你可以切成自己喜歡的樣子。

▶ 可以準備米飯或麵條來搭配炒蝦,請自己選擇。

變化作法

▶ 7 種適合和蝦子一起炒的蔬菜:在這道食譜裡,有很多種蔬菜可以取代芹菜。烹煮時間會不太一樣,要經常查看熟度:

1. 紅蘿蔔,切成棒狀或圓幣狀
2. 紅燈籠椒,切片
3. 小茴香(只取球莖),剖半再切片
4. 蘆筍,切成 5 公分長度
5. 四季豆,整條或切對半
6. 荷蘭豆,修整好
7. 豆芽

延伸學習

蝦子將熟之際 蝦子一開始變成粉紅色,就從煎鍋裡撈出,等一下和芹菜一起炒時,才不會變得太硬太老。

查看熟度 試吃芹菜的質地,以確認加入蝦子的時機,應該只比生鮮狀態稍微軟一點。

製作醬汁 先決定你希望這道炒菜的醬汁要多濃稠,快到你想要的濃稠度之前,就把煎鍋離火。

醬汁燒干貝

Seared Scallops with Pan Sauce

時間：15 分鐘
分量：4 人份

輕而易舉做出餐廳風格的菜餚，讓自己和朋友讚歎。

- 3 大匙奶油
- 1 大匙橄欖油
- 700 克海干貝
- 鹽和新鮮現磨的黑胡椒
- 1 大匙大蒜末
- 1 顆檸檬的汁
- ½ 杯干白酒，或水，可視需要多加
- 2 大匙切碎的新鮮細香蔥

1. 2 大匙奶油切成青豆仁大小，放進小盤子冷凍。大型平底煎鍋以中大火加熱 3~4 分鐘，剩餘的 1 大匙奶油和橄欖油放入煎鍋融化。

2. 干貝用紙巾拍乾後下鍋，撒一點鹽和胡椒。可分批煎，以免干貝擠在一起。煮一下，翻面一次，直到兩面都煎成漂亮的褐色，但還沒熟透，每一面約煎 2 分鐘。干貝的寬度若不到 2.5 公分，就縮短時間，干貝較大就煎久一點。煎好後把干貝移到盤子上。

3. 大蒜、檸檬汁和酒放入煎鍋拌炒，盡量用鍋鏟把鍋底的褐色碎屑全刮起來。調中火，讓煎鍋內的醬汁收乾一點，約 1~2 分鐘，加入冷凍庫的奶油拌炒，一次加一點，製作成奶油醬，需要的話可多加 1~2 大匙酒或水。

4. 把干貝倒回煎鍋，加入細香蔥。調整火力，使醬汁溫和冒泡，輕輕拌炒，讓干貝裹上醬汁。上菜時，先把干貝放入盤中，再用湯匙舀出醬汁，淋上干貝。

煎的時候輕輕壓干貝，讓干貝完全接觸煎鍋，然後聆聽嘶嘶聲，那是水分加熱和蒸發的聲音。

干貝不黏鍋 干貝的熟度可以翻面時，可輕易在鍋面移動，不會有阻力。

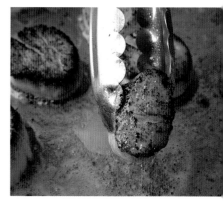

煎燒漂亮 目標是把干貝的兩面煎成漂亮的褐色，又不至於煎焦，所以火要盡可能大，但又不要產生太多煙。

如果需要查看熟度，可以挑一顆干貝，切道小開口查看內部。

極簡小訣竅

▶ 一定要用紙巾把干貝拍乾，只有乾燥的干貝才能煎得漂亮。

▶ 煎燒完美的干貝應該兩面外層都煎出漂亮的褐色，而裡面如奶油般軟嫩。用削皮小刀應該可以幾乎沒有阻力地刺入又拉出，但查看熟度最好的方法仍是切開一道小口看看內部，或試吃看看。內部應該還有點半透明。高品質的干貝是生吃就很美味，而且很快就會乾掉。寧願帶生也不要煮過熟。

變化作法

▶ **小番茄羅勒煎燒干貝：**不加檸檬汁。把大約 2 杯的小番茄剖半。在步驟 **3**，把番茄連同大蒜和酒一起放入煎鍋，煮到番茄稍微變皺且出汁，約 2~3 分鐘。最後用切碎的新鮮羅勒葉取代細香蔥。

延伸學習

奶油醬汁 加入液體並溶解鍋底的褐渣，接著加入奶油，以產生美妙的滑潤度和濃郁度。

完成料理 干貝一煎熟、裹上醬汁，煎鍋就可離火，餘熱會繼續加熱。

培根干貝捲

Bacon-Wrapped Scallops

時間：45 分鐘

分量：4 人份

干貝和煙燻豬肉也許是最對味的搭檔了。

- ⅓ 杯橄欖油，多準備一點用來塗抹烤盤
- 1 茶匙大蒜末
- 鹽和新鮮現磨的黑胡椒
- 700 克海干貝
- 大約 450 克的薄切培根（16~24 片）
- 2 顆檸檬，切成四等分，吃的時候附上

1. 木質牙籤浸泡在溫水裡（每顆干貝配一支）。油、大蒜、一撮鹽和胡椒放入大碗混勻，放入干貝，輕輕攪拌，使醃料裹住干貝。煎培根時，干貝先放在碗中。在淺烤盤鋪上紙巾。

2. 準備燒烤爐，或打開炙烤爐，約中大火，金屬架距離熱源大約 10 公分。如果採燒烤方式，把金屬架刷乾淨並塗上油；如果是炙烤，則用帶邊淺烤盤，塗上薄薄一層油。

3. 培根放入大型平底煎鍋內，以中大火煎，視情況分批煎。煎一下並翻面，需要的話調整火力，讓培根不至於燒焦，直到每片培根都稍微煎到還可捲起干貝的狀態，約 5~10 分鐘。把培根移到紙巾上吸油。其餘培根也同樣煎過。

4. 培根切成可以包住干貝的大小，捲起來的重疊部分不要太多。一塊培根包一顆干貝，然後用泡過水的牙籤刺穿固定，以水平方向穿過正中央。

5. 燒烤法：把干貝直接放到火上。炙烤法：把干貝放到準備好的淺烤盤上，並放到熱源下。稍微烤過，翻面一次，直到兩面都微微烤焦，用削皮小刀戳入不會遇到阻力，每一面約烤 2~3 分鐘。烤好即可附上檸檬切塊上桌。

寧可沒煎透，也不要煎過頭。

軟煎培根 培根煎過放涼後會變得酥脆，最好趁著還相當軟的時候起鍋。

包住干貝 會用到多少培根，視干貝大小而定。培根要緊緊包住干貝，但不要使干貝變形。

極簡小訣竅

▶ 假如你最後還是把培根煎得太脆,無法用來包干貝,就乾脆剝碎,等干貝烤好後撒在上面。

變化作法

▶ **純烤干貝**:不用大蒜和培根。輕拌干貝、橄欖油、一撮鹽和胡椒,接著以步驟 **5** 燒烤或炙烤。

▶ **餡料干貝培根捲**:在步驟 **1**,把 ½ 杯切得非常細的新鮮羅勒葉、大蒜、1 大匙橄欖油、一撮鹽和胡椒混合起來。不要把干貝放進醃料,而是用削皮小刀在干貝側邊從水平方向切開一道深深的開口,不要切穿。每一顆干貝塞入 ½ 茶匙的羅勒混合物,夾起來。把剩下的油放在盤子裡,輕輕讓干貝表面裹上油,再接著後續步驟。

延伸學習

以牙籤固定　牙籤應該完全刺穿干貝。

查看熟度　干貝烤成金色,且側邊的培根呈現酥脆,就表示可以翻面了。

清蒸鮮貝

Steamed Mussels or Clams

時間：30 分鐘
分量：4 人份

傳統的海鮮晚餐，充滿樂趣也超級簡單。

- 2 大匙橄欖油
- 1 大顆紅蔥或 1 小顆紅洋蔥，切成小塊
- ½ 杯白酒、啤酒或水
- 1,800~2,700 克的貽貝或硬殼蛤蜊，仔細刷洗，外殼破損的挑掉
- ½ 杯切碎的新鮮歐芹葉，裝飾用
- 2 顆檸檬，切成四等分，吃的時候附上

1. 油倒入大湯鍋，以中火把油燒熱，放入紅蔥拌炒到開始變軟，約 3~5 分鐘。

2. 加入酒和貝類後轉大火，蓋上鍋蓋。燜煮時輕輕搖晃鍋子，直到貝類的殼全部（或大部分）都打開，貽貝約 8~10 分鐘，蛤蜊則約 10~15 分鐘。鍋子離火。

3. 貝類先舀入要端上桌的碗裡，用有孔漏勺撈出紅蔥，鋪在貝類上，再把鍋裡的湯汁淋在貽貝或蛤蜊上，同時小心把鍋底的沉澱物留在鍋子裡。最後用歐芹裝飾，附上檸檬切塊即成。

大多數貽貝已經去除足絲。

貽貝如同蛤蜊和牡蠣，活的才鮮美。

去除足絲　用拇指和食指緊緊捏住足絲，沿著兩扇殼之間的開口拉到長邊的那一端，拉出來。

挑選活貝　把外殼壓緊，或用手指彈彈，如果殼合不起來，就丟掉。

極簡小訣竅

▶ 小型到中型的蛤蜊最適合蒸煮。

▶ 要吃貽貝或蛤蜊時,用一隻手捏住殼,然後挖出肉,用叉子、手指或牙齒都可以。

▶ 用美味的硬殼麵包吸取湯汁是最棒的,不過也可以把這道菜鋪在米飯、麵條或水煮馬鈴薯上。

變化作法

▶ **番茄羅勒蒸鮮貝**:用大蒜取代紅蔥,加入酒,拌入 1 杯切成小塊的番茄,最後以切碎的新鮮羅勒葉裝飾。

▶ **法式蒸鮮貝**:用奶油取代橄欖油,加入 ½ 杯高脂鮮奶油,與貝類攪拌均勻。

▶ **咖哩椰奶蒸鮮貝**:用奶油取代橄欖油,以 2 大匙薑末和 2 大匙咖哩粉取代紅蔥,再以 1 杯椰奶取代酒。最後以切碎的新鮮胡荽葉裝飾。

延伸學習

看熟度　大多數貽貝都打開時,這一批就蒸得差不多了(但還沒完全好)。蓋著鍋蓋,稍微搖晃整個鍋子(就像爆米花那樣),使貽貝煮得均勻一點。

附上湯汁　鍋底可能會有一點沙子,最好把湯汁舀出來,不要用倒的。

烤蝦堡排

Grilled or Broiled Shrimp Burgers

時間：30 分鐘
分量：4 人份

本套書介紹的三種肉堡排之中，這是最豪華的，不過並不會比較難做。

- 適量的蔬菜油
- 1 瓣大蒜，去皮
- 700 克蝦子，剝殼
- 1 小顆紅洋蔥，切成小塊
- 1 個紅燈籠椒或黃燈籠椒，去核去籽並切成小塊，非必要
- 鹽和新鮮現磨的黑胡椒
- ½ 杯新鮮的歐芹葉
- 漢堡麵包或硬式麵包，喜歡的話可先烤一下，非必要
- 萵苣、番茄、切片洋蔥、醃漬菜和任何喜歡的配料

1. 準備燒烤爐，或打開炙烤爐，熱度應該有中大火，金屬架距離熱源約 10 公分。如果要燒烤，用鋼刷把金屬架刷乾淨；如果要炙烤，則取帶邊淺烤盤，塗上薄薄的蔬菜油。

2. 以食物調理機將大蒜和 ⅓ 的蝦肉攪打成泥，需要的話打到一半可以暫停，把黏在容器側邊的碎塊刮下來。

3. 加入剩餘的蝦子、洋蔥、燈籠椒（你要加的話）、一撮鹽和胡椒、歐芹，用間歇攪打把蝦子打成小塊，但不要太細碎。將打好的蝦肉漿捏成 4 塊蝦肉餅，放到蠟紙或烘焙紙上。

4. 燒烤爐或蝦肉塊上刷一點油。燒烤法：把蝦堡排直接放到火上方。炙烤法：把蝦肉餅放到準備好的淺烤盤上，置於熱源下方。烤的時候不要撥動，直到面對熱源的那一面漸漸烤出褐色硬殼，約 3~5 分鐘。小心翻面，再烤另一面，直到蝦肉變得完全不透明，這要再烤 3~5 分鐘。喜歡的話搭配圓麵包一起吃，附上美乃滋、番茄醬或喜歡的任何配料。

這個兩階段的攪打，正是製作任何海鮮類肉餅的重要關鍵。

⅓ 蝦肉先打成泥 攪打第一批材料，直到完全滑順為止。

間歇攪打剩餘的材料 間歇攪打所有材料，把後來加入的蝦肉打成小塊，約莫青豆仁的大小。

極簡小訣竅

▶ 蝦子含有膠原蛋白，在攪打時會產生「黏膠」的作用，將蝦堡排黏在一起。一定要把第二批蝦肉打成小塊（而不是泥狀），否則會得到整塊都是黏膠的肉餅（又黏又糊）。也不要另外加入太多蔬菜，否則烤的時候蝦堡排會散開。

▶ 不妨用整片羅勒葉取代萵苣作裝飾。

變化作法

▶ **烤鮭魚肉餅**：試著用去皮的鮭魚片取代蝦子。鮭魚稍微容易裂開，不過還是可以黏住。

▶ **泰式烤蝦堡排**：步驟 **2** 放入大蒜和三分之一蝦肉的同時，加入 1 根會辣的新鮮綠辣椒（如哈拉貝紐辣椒，去籽），以及 2 大匙生薑末。加入剩餘蝦肉時，加入 2 大匙醬油和 1 顆萊姆汁。把一半的歐芹換成新鮮羅勒葉（最好是九層塔）。再接著後續步驟。上菜時附上調入辣醬的美乃滋和萊姆切塊。

延伸學習

捏成蝦堡排 就像漢堡排一樣，捏得越用力，肉餅吃起來就越硬，所以力道請放輕。

小心翻動 如果還沒烤出深色的硬殼或還黏著烤盤時就翻面，肉餅很可能碎裂開來。

如果用燒烤法，要等到不黏金屬架、容易鏟動時再翻面。

鮮奶油牡蠣燉馬鈴薯

Creamy Oyster and Potato Stew

時間：45 分鐘

分量：4 人份

一整碗菜看起來很豪華，這也是熟牡蠣的絕佳吃法。

- 450 克小顆的紅皮或白皮蠟質馬鈴薯，全部剖半
- 鹽
- 3 大匙奶油
- 2 大顆或 3 中顆紅蔥，切片
- 新鮮現磨的黑胡椒
- ½ 杯白酒或干雪莉酒
- 2 杯鮮奶油
- 16~24 顆帶殼牡蠣，撬開並保留汁液（牡蠣肉與汁液共約 4 杯），外殼有破損的丟棄不用
- 1 大匙切碎的新鮮龍蒿葉，或 2 大匙切碎的新鮮細香蔥

不要用罐頭牡蠣，那吃起來有罐頭味。

1. 馬鈴薯放入大湯鍋內，撒一撮鹽，並加入足量的水，使水面淹過馬鈴薯約 5 公分深，煮滾後把火轉小，讓水繼續沸騰冒泡。攪拌一、兩次，等馬鈴薯的中心剛要開始變軟、用削皮小刀刺入還會遇到一點阻力時撈出馬鈴薯，倒出 2 杯煮馬鈴薯的水，保留起來，其他倒掉。

2. 用原來的空湯鍋（不需要洗鍋），轉中火，加入奶油。等奶油冒泡，加入紅蔥，撒一點鹽和胡椒，拌炒到紅蔥變軟且呈金色，約 5~10 分鐘。

3. 爐火開到中大火，加入酒，炒到酒精幾乎蒸散，約 1~2 分鐘。加入鮮奶油、保留的牡蠣汁液和煮馬鈴薯的水，以及馬鈴薯，煮到剛好沸騰，記得多多攪拌以免黏鍋。接著再煮，一邊攪拌到濃稠一點，約 5 分鐘，把火轉小，使之微微沸騰冒泡。

4. 讓牡蠣滑入鍋中，蓋上鍋蓋，火關掉。5 分鐘後看一下狀況，牡蠣應該會變得不透明，如果還沒有，蓋上鍋蓋再等 1~2 分鐘。加入龍蒿攪拌均勻，嘗嘗味道並調味即成。

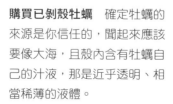

購買已剝殼牡蠣　確定牡蠣的來源是你信任的，聞起來應該要像大海，且殼內含有牡蠣自己的汁液，那是近乎透明、相當稀薄的液體。

保留煮馬鈴薯的水　你會想要保留澱粉含量最高的部分。馬鈴薯撈出後，剩下的水若超過 2 杯，可靜置一下，拿掉一點表層的水，留下 2 杯的量。

極簡小訣竅

▌ 牡蠣的風味和質地極為細緻，
也因此生吃的滋味極棒。以溫溫
的鮮奶油煮牡蠣（而不是以高熱
快速煮熟），有助於保留牡蠣的
天然特質。

變化作法
▌ **清淡版牡蠣燉馬鈴薯**：以 3 杯
魚高湯、雞高湯或蔬菜高湯取代
鮮奶油。

▌ **蝦濃湯**：用 700 克剝殼的蝦
子取代牡蠣。如果有時間（而且
是自己剝掉蝦殼），不妨把蝦殼
和蝦尾放入保留下來的馬鈴薯煮
汁，煮滾 15 分鐘，去除蝦殼後，
讓澱粉沉澱下來，再接著後續步
驟。湯放涼一點，用果汁機小心
打成泥，再倒回湯鍋內，以中小
火重新加熱，最後以龍蒿裝飾即
成。

溫水慢煮　目的是把牡蠣煮
熟，但又不會讓肉質太老。要
慢火加熱，經常查看，而且不
能煮太久。

辨識熟度　煮得最剛好的牡蠣
看起來很飽滿、不透明，刀子
一戳就破，但又不會散開。

麵衣炸烏賊

Battered and Fried Squid

時間：40 分鐘

分量：6~8 人份

裹著酥脆外衣、炸到完美的烏賊（或幾乎任何食材都可以）。

- · 油炸用的蔬菜油
- · 1 杯中筋麵粉製作奶蛋糊，外加 1½ 杯作裹粉用
- · 1 顆蛋
- · ¾ 杯氣泡水、啤酒，或冷開水
- · 鹽和新鮮現磨的黑胡椒
- · 700 克清理乾淨的烏賊，身體部分切成 0.8 公分厚的環圈，觸手切成容易入口的大小
- · 1 顆檸檬，切成四等分，吃的時候附上

1. 大湯鍋內倒入至少 5 公分深的油，如果有油溫計，請夾在鍋邊。油燒熱的同時，1 杯麵粉、雞蛋、氣泡水、一撮鹽和胡椒放入碗裡打成奶蛋糊。奶蛋糊應該很稀，有一點粉團沒關係。剩餘的 1½ 杯麵粉放入淺碗，拌入少許鹽和胡椒。淺烤盤鋪上紙巾。

2. 油熱到 170°C 即可，如果沒有溫度計，可滴一點奶蛋糊到油鍋裡，應該會猛烈冒泡，但不會立刻變成褐色。視狀況調整火力，假如油開始冒煙，可先關火，稍微冷卻一下。

3. 分批處理烏賊切塊。烏賊沾點麵粉，甩掉多餘的麵粉後沾裹奶蛋糊，同樣輕輕甩掉多餘的奶蛋糊，小心放入油鍋。請分批油炸，以免太擠。油炸時，可用有孔漏勺翻動一下，直到變得酥脆，且呈現淡金色，約 1~2 分鐘。

4. 烏賊炸好後，撈到紙巾上吸油，撒上一點鹽。重複同樣的裹粉、沾上奶蛋糊、油炸的過程，直到炸好所有烏賊。搭配檸檬切塊即可上桌。

如果奶蛋糊太濃稠，可多加一點液體；太稀的話則多加 1 大匙麵粉。

分批油炸 為了炸得流暢，動作不要停下來 幫下一批烏賊塊裹好麵粉、沾上奶蛋糊時，第一批應該炸好了。

把炸好的食物從熱油中撈出 等烏賊炸成金黃色，請用湯匙、有孔漏勺或夾子移到紙巾上。

極簡小訣竅

▶ 我喜歡買整隻乾淨的烏賊，自己處理：用銳利的刀子切下觸手，去掉觸手上面粗硬的軟骨，再橫切，把管狀的身體切成 0.8 公分厚的烏賊圈。

▶ 氣泡水或啤酒的碳酸化作用，會讓奶蛋糊比較蓬鬆，而雞蛋可以增加濃厚質地，這是傳統美式的海鮮麵衣作法。如果要做更細緻的日式天婦羅奶蛋糊，可以只用麵粉和冰水，不要加蛋。

變化作法

▶ **油炸烏賊佐蒜香番茄醬：**這是傳統的搭配，吃的時候搭配溫溫的番茄醬（參見第 3 冊 16 頁）。

▶ **油炸海鮮、雞肉或蔬菜：**這道食譜可以應用於所有類型的食物。不妨用剝殼的蝦子或去殼的牡蠣試試（先用紙巾拍乾）。如果是魚類，把白肉魚的厚魚片切成 2.5~5 公分的小塊。以這種方法油炸去骨雞肉（切成條狀或塊狀）或整條雞肋肉，絕對比你吃過的任何速食都美味。還有各式各樣的生菜，像是胡蘿蔔棒、青花菜、洋蔥圈或甘薯切片，都很適合。每一種食材的油炸時間會有一點差異，不過熟度的判斷方法都是一樣的。

延伸學習

溫水慢煮　目的是把牡蠣煮熟，但又不會讓肉質太老。要慢火加熱，經常查看，而且不能煮太久。

辨識熟度　煮得最剛好的牡蠣看起來很飽滿、不透明，刀子一戳就破，但又不會散開。

水煮龍蝦
（或其他海鮮）

Lobster (or Other Seafood) Boil

時間：45 分鐘

分量：4 人份

最棒的海鮮晚餐，無可匹敵的夏日一鍋煮。

- 4 片月桂葉
- 2 茶匙乾燥百里香，或 4 枝新鮮百里香
- 1 大匙黑胡椒粒
- 4 瓣大蒜，切片
- 1 大匙芫荽籽，或 1 茶匙粉末
- 3 顆丁香
- 鹽
- 450 克的小顆蠟質馬鈴薯，紅皮或白皮皆可，切成兩半或保留一整顆
- 2 大顆洋蔥，切成四等分
- 4 條新鮮玉米，剝掉外殼並切成兩半
- 4 隻 700 克重的龍蝦、16~24 隻紅蟳或岩蟹、1,350 克的整隻螯蝦，或 900 克未剝殼的蝦子
- 2 顆檸檬，切成四等分，吃的時候附上
- 8 大匙（1 條）奶油，預先融化，非必要

1. 湯鍋裡裝入半鍋水，放入月桂葉、百里香、胡椒粒、大蒜、芫荽籽、丁香、一小把鹽、馬鈴薯和洋蔥。

2. 煮滾到馬鈴薯和洋蔥變軟，以銳利刀子能輕易刺入的狀態，大約是水煮滾之後的 8~10 分鐘。用濾網撈出馬鈴薯（盡量把洋蔥和其他調味食材留在鍋子裡）放在大盤上。

3. 玉米放入湯鍋，再煮滾，煮到玉米變成亮黃色，約 2 分鐘。用夾子把玉米夾到盤子裡。

4. 把要煮的海鮮放入湯鍋內（用夾子夾龍蝦或螃蟹）。把水煮到溫和但平穩沸騰的狀態，蓋上鍋蓋煮。煮熟龍蝦約 10~12 分鐘，螃蟹和熬蝦約 5~10 分鐘，蝦子則是約 3~5 分鐘。煮熟的時候，龍蝦、螃蟹和螯蝦會呈現亮紅色，蝦子則是淡粉紅色，而且整隻變得不透明。要確定龍蝦是否熟透，可以把快速測溫的溫度計從尾巴基部的關節處插入尾巴的肉裡，溫度應該會介於 60~66°C。

5. 以夾子或小型濾網把海鮮和洋蔥盛到盤中，與馬鈴薯和玉米放在一起。另外，舀出一些湯汁到碗裡，搭配檸檬切塊，喜歡的話再附上一些融化奶油，即可上桌。

撈取食材 要分批水煮食材，濾網和夾子是最棒的工具，可以放入、取出食材。

放入海鮮 放入龍蝦時頭部先入鍋，然後從水煮滾的那一刻開始計時。

延伸學習 ————————

極簡小訣竅

▶ 要吃龍蝦、螃蟹、螯蝦或帶殼蝦子，最好的方法就是用雙手。從關節處將各個部位扯開，拉著肉，直到肉與外殼分離。很多人認為，用嘴吸食外殼的汁液是這道菜最棒的部分。胡桃鉗和螃蟹鉗（或是小鎚子）也很有用，方便你吃掉每一塊肉。

▶ 上菜建議：享用水煮海鮮樂趣十足，經常是直接放在報紙上剝殼吃，方便收拾大快朵頤後的一團混亂。無論你打算怎麼吃，千萬不要用別致的桌布或瓷器，而且要準備足夠的紙巾（以及大人喜愛的冰啤酒），桌上也可準備一些硬殼麵包和辣醬。

延伸學習

有時為了敲破硬殼，可能需要施加一點蠻力。

查看熟度　龍蝦一變成亮紅色，就把其中一隻取出來，測量溫度以確定是否煮熟。到了這時，蔬菜應該全都煮軟，可以吃了。

準備好工具　如果無法用雙手或奶油刀處理，可準備核桃鉗、小榔頭或鎚子，輕輕敲破硬殼。

傳統的一鍋煮料理非常簡單、深受喜愛，健康又省錢，還有比這個更好的料理嗎？食材好變化，事前的準備工作也非常少，而且鍋裡的材料一煮滾，就可以走開一下，去做點別的事。

煮湯和燉煮料理的技術非常相似，我認為兩者的差別只在於液體和固體的比例：湯所含的水分比燉煮料理多。你會希望兩者都使用新鮮食材（不要一想到湯或燉煮，就想乘機清掉不要的食材），不過既然你只在乎所有材料煮在一起的結果，食材也就不需要像生吃或做主菜那麼強調品質（也不需要切得非常完美）。沒有時間製作高湯嗎？不要緊張，水是許多食譜最好的基礎（當然，高湯確實是很好也很有價值的材料，我會在這裡特別開闢一個小節討論）。既然沒什麼壓力要特別注意食物在某個時刻達到最理想的熟度，這些料理也就幾乎不可能煮過頭。這到底有多簡單啊？

湯都可以冷藏，冷凍通常也絕對沒問題。如果你真的很喜歡自己的成果（一定會的），可以一次煮兩份，留下方便再次加熱的分量，這樣就算直接從冷凍庫拿出來，也可以很快用微波爐或爐子重新加熱。況且，這種料理吃剩的通常比剛起鍋還要美味。

自己煮的湯有這麼多好處，也就沒有理由購買湯包或湯罐頭了。

湯的基本知識

3B 法則

　　無論你是遵照食譜或自行改良，以下這些步驟都相同。這個基礎作法會做出6杯湯，足夠盛4碗，也就是4人份。

褐變 Brown　如果是做肉湯，以中火加熱 2 大匙的奶油或橄欖油，再放入最多 450 克的培根、香腸，或把豬肩肉或牛肩胛肉切成方塊，炒到肉變成褐色且酥脆，需時約 5~10 分鐘。

　　加入芳香蔬菜，炒到開始變色且軟化（若是煮蔬菜湯則由這裡開始）：至少加入 2 杯小塊芳香蔬菜，如洋蔥、紅蔥、芹菜、胡蘿蔔、大蒜和（或）薑，用奶油或橄欖油炒到軟化且變成金色，約 5~10 分鐘。多撒一點鹽和胡椒。一旦所有材料都滋滋作響且產生褐變，加入香料植物或辛香料、番茄糊，或碎柑橘皮，一開始加一點就好（約莫 1~2 茶匙），煮好之前都可以再加。

清湯 Broth　以上一個步驟創造出來的風味為基礎，再加入液體烹煮的成果就是高湯，可以加入水、高湯、果汁、葡萄酒、啤酒或綜合以上數種。果汁和葡萄酒擁有強烈風味，煮起來很省事，但混合一些水或高湯會很棒。也可以用切塊番茄（新鮮或罐頭皆可）取代一些液體。番茄會變糊，讓湯的味道更鮮美，為其他食材加分。一開始先加 4 杯液體。在煮湯的過程中另外準備液體，最多加入 2 杯，端看你最後會加入多少材料而定。目標是每人份大約 1.5 杯的湯。

煮滾 Boil　把湯煮滾，轉小火，讓整鍋湯平穩冒泡，但不要太劇烈。這時可加入其他材料，先放入需要煮最久的食材，最後再加入一下子就煮熟的東西。要加入的材料如果事先煮熟（像麵條和隔夜的蔬菜、肉類），只需要在熱湯加熱 1 分鐘即可。湯幾乎不可能煮過頭，就算蔬菜變得軟爛也沒關係。所以，放輕鬆觀察烹煮狀況吧，看看是否需要加入更多液體，把湯煮成你喜歡的濃稠度和口感。嘗嘗味道並調味，然後就可以拿湯勺和湯碗了。

製作濃湯

　濃湯很快就能把日常湯品變成濃郁、滑順、令人驚艷的佳餚。做濃湯的主要食材不要超過兩、三種，才能做出鮮明且獨特的風味和色彩。

使用馬鈴薯搗碎器　要把湯變得滑順，最簡單的方法是用馬鈴薯搗碎器，只要拿著放入湯鍋向下壓，到處攪動，把材料壓碎一點。這樣不會變成濃湯，但「不麻煩」這一點絕對所向無敵。而且我很喜歡這種對比鮮明的質地。

使用機器攪打　質地超滑順的湯需要用上果汁機。首先讓湯冷卻一點，然後小心倒入容器內，倒到容器的一半高度再多一點，壓住蓋子，以低速或中速攪打，直到液體開始流動。假如你一開始就以高速攪打，熱湯可能會從上面噴濺出來燙到你，所以漸漸再增加到高速。可拿一條布巾壓住果汁機蓋子，有助於保護安全。如果還有更多的湯要做成濃湯，把打好的濃湯刮進大碗或湯鍋內，重複同樣步驟。

完成濃湯　把混合物倒回湯鍋，開中火再加熱一次。如果太濃稠，可以加點鮮奶油、牛奶、高湯或水稀釋。剛開始加入少量，視情況多加。加入乳製品時，要確定濃湯只是微微冒泡，絕對不要劇烈滾沸，否則湯會凝結。像平常一樣嘗嘗味道並調味，即可上桌。

讓水變得更聰明

　我不騙你：用高湯煮出來的湯，永遠比只用水煮出來的湯更濃郁，質地也更精緻。但以下這點同樣重要：只用水煮湯，也絕對比不煮湯還要好。水顯然會吸取湯鍋裡任何材料的風味，所以事實上，你是把水煮成高湯。

　用水煮湯時，以下有幾種方法可以讓湯變得更棒：

1. 用油脂把芳香蔬菜炒成褐色且變軟時要有耐心，而且多加蔬菜會帶來更多風味。
2. 使用品質好的蔬菜和肉類。
3. 要捨得多放香料植物、辛香料、鹽或胡椒。
4. 除了水以外，可加少量的葡萄酒、果汁或醬油。
5. 最後淋上一點橄欖油或加入一小塊奶油。

西班牙冷湯

Gazpacho

時間：20 分鐘
分量：4 人份

這道來自西班牙的超美味滑順湯品未免也太簡單了。

- 900 克番茄，去核，或一個 850 克的切塊番茄罐頭，保留汁液。
- 1 條中型小黃瓜，削皮，去籽，切塊
- 2~3 片麵包厚片（放了一、兩天的最好），去掉外皮，撕成小塊
- ¼ 杯橄欖油，多準備一些裝飾用
- 2 大匙任何一種葡萄酒醋，可依喜好多加
- 1 個中型的大蒜瓣，剖半
- 鹽和新鮮現磨的黑胡椒
- ½ 個紅色或黃色燈籠椒，去核、去籽並切成小塊，裝飾用
- 2 根青蔥，切碎，裝飾用

1. 如果番茄很大，先切塊，然後與小黃瓜、麵包、油、醋、大蒜和 1 杯水一起放進果汁機或食物調理機，撒一點鹽和胡椒，打打停停，直到滑順為止。如果混合物看起來太濃稠，一次次加水稀釋，每次加 1 大匙。

2. 嘗嘗味道，以鹽、胡椒或醋調味，即可上桌，或冷藏保存，但最好在幾小時內食用。每一人份都用燈籠椒、青蔥和幾滴橄欖油作裝飾。

別忘了放入番茄汁液，這會增添許多風味。

放入蔬菜　無需煩惱蔬菜怎麼切，反正都要放進機器內攪打。切得很粗略也沒關係。

徹底攪打　中途可暫停，把黏附在側邊的東西刮下來，然後繼續攪打，直到冷湯變成你喜歡的粗粒或滑順狀態。

極簡小訣竅

▶ 如果用了風味淡薄的番茄，做出來的西班牙冷湯就沒什麼風味。所以如果沒有當季盛產的番茄，請用品質好的罐頭。

▶ 我做的西班牙冷湯喜歡加雪莉酒醋（畢竟兩者都來自西班牙），不過雪莉酒醋相當酸，剛開始加個 1 茶匙就好，先嘗嘗味道。如果你沒有雪莉酒醋，任何一種品質好的紅酒醋或白酒醋都不錯。

變化作法

▶ **水果口味的西班牙冷湯**：試用新鮮的桃子、甜瓜或芒果取代番茄，只是分量請估計為 1,100 克左右。需要的話請修整、削皮。

▶ **辣味西班牙冷湯**：½ 條很辣的新鮮辣椒（像是哈拉貝紐辣椒），去籽並切碎，可作為另一種裝飾。

延伸學習

判斷濃稠度 我自己喜歡相當滑順的冷湯。如果你沒有果汁機，請把食材盡可能切碎一點，然後全部放入碗中攪拌均勻，再壓碎一點。

有些人喜歡碎塊質地的西班牙冷湯，這製作起來費力多了。半像濃湯、半帶碎塊的冷湯是不錯的折衷方案。

番茄湯

Tomato Soup

時間：35~40 分鐘

分量：4 人份

不只比罐頭湯好喝，也是你所能做的最好喝（也最快速）的湯之一。

- 2 大匙橄欖油
- 1 大顆或 1 中顆洋蔥，剖半並切成薄片
- 1 條胡蘿蔔，切成小塊
- 鹽和新鮮現磨的黑胡椒
- 2 大匙番茄糊
- 1 小枝新鮮的百里香，或 ½ 茶匙乾燥的百里香
- 900 克番茄，去核並切塊，或一個 850 克重的切塊番茄罐頭，保留汁液
- 2~3 杯水或番茄汁
- 1 茶匙糖，非必要
- ¼ 杯切碎的新鮮羅勒葉，裝飾用，非必要

1. 油倒入大湯鍋內，以中火燒熱，放入洋蔥和胡蘿蔔，撒一點鹽和胡椒，拌炒到蔬菜開始變軟，約 3~5 分鐘。加入番茄糊，把火稍微轉小繼續拌炒，讓蔬菜都裹著番茄糊，直到番茄糊的顏色開始變深（不要燒焦），約 1~2 分鐘。

2. 百里香的葉子從莖枝上摘下，和番茄一起放入湯鍋內。煮時攪拌到番茄開始分解，約 10~15 分鐘。加入 2 杯水，煮滾，調整火力，讓湯溫和沸騰。再煮一會兒，直到風味融合在一起，約 5 分鐘以上。

3. 嘗嘗味道並調味，如果嘗起來有點平淡（但已經夠鹹），就拌點糖進去。假如太濃稠，可以多加點水，一次加入 ¼ 杯。假如太稀薄，繼續煮，直到水收乾一點（這樣也會增強風味）。如果有羅勒葉，可用來作裝飾，然後上桌。

番茄糊聞起來甜甜香香的，表示已經煮好。

加入番茄糊 加入番茄糊後，其他蔬菜稍微變色沒關係，但別讓蔬菜顏色變得太深，因為接下來還要煮好一會兒。

煮番茄糊 這個步驟會把番茄糊煮到變成褐色，而且再也沒有苦味，所以不要急。如果太快煮成深色，把火力轉小。

從粗莖香料植物刮下葉子 拿著小枝較粗的一端,兩隻手指捏著莖枝向下刮,葉子就會刮下。

可以在鍋子上方刮下葉子,讓葉子直接落進鍋裡。

極簡小訣竅

▶ 番茄不需要去掉外皮,事實上,番茄皮可以增強湯的風味。如果你不希望碗裡有大片番茄外皮,就把番茄切成小塊。

▶ 番茄糊有罐頭裝與軟管裝,只要看到軟管包裝就買。用了需要的量之後,剩下的放在冰箱裡容易拿到的地方。

變化作法

▶ **鮮奶油番茄湯:**步驟 **3** 嘗味道之前,加入最多 1 杯的鮮奶油攪拌,加熱,但不要煮滾。

▶ **活力番茄湯:**步驟 **2** 加入水時,同時加入 ½ 杯的白米飯、布格麥或庫斯庫斯,同時多加 1 杯液體。煮一會兒,直到穀類變軟,需時約 5~15 分鐘。如果湯變得太濃稠,可以多加一點水。

▶ **辣番茄湯:**不加新鮮的百里香和羅勒,改加 1 大匙的咖哩粉或辣椒粉,或 1 茶匙的煙燻紅辣椒粉(甜椒粉),跟著步驟 **1** 的番茄糊一起加入。

延伸學習

義大利
蔬菜濃湯

Minestrone

時間：大約 1 小時
分量：4~6 人份

學會這道經典義大利料理的基本配方，就可以隨心所欲變換不同蔬菜。

- ¼ 杯橄欖油，另外多準備一些裝飾用
- 1 顆中型洋蔥，切成小塊
- 1 條中型胡蘿蔔，切成小塊
- 1 根中型芹菜莖，切成小塊
- 鹽和新鮮現磨的黑胡椒
- 2 顆大型馬鈴薯或蕪菁，喜歡的話請削皮，並切成小塊
- 1 杯切成小塊的番茄（罐頭也可以，不必瀝汁）
- 1 條中型的櫛瓜，切成小塊
- 1 把結實的菜葉類青菜，像是羽衣甘藍或闊葉莙薘菜，切碎
- ½ 杯新鮮現刨的帕瑪乳酪，裝飾用

1. 橄欖油放入大湯鍋內，以中火把油燒熱，放入洋蔥、胡蘿蔔和芹菜，撒一點鹽和胡椒拌炒，直到蔬菜炒軟，邊緣的顏色也開始變深，約 10~15 分鐘。

2. 加入馬鈴薯，再多撒一點鹽和胡椒後拌炒，直到蔬菜全部變得帶點褐色，需 5~10 分鐘。加入 6 杯水，攪拌均勻，把黏在鍋底的所有褐色碎片都刮起來。加入番茄後再煮滾，把火轉小，維持平穩冒泡。邊煮邊攪拌，直到番茄有點散開，約 15 分鐘。

3. 加入櫛瓜和青菜，需要的話把火開大一點，讓湯平穩冒泡。煮到所有蔬菜都非常軟，這要再花 10~15 分鐘。嘗嘗味道並調味，上桌前撒點乳酪，並淋上一點橄欖油。

所謂的小塊是指 1.2 公分左右，或你的拇指指甲大小。

芳香蔬菜焦糖化 這些蔬菜的拌炒與變色過程會歷經好幾個階段。拌炒幾分鐘後，會開始變軟。調整火力並繼續拌炒到開始變色。

加入較硬的蔬菜 目的是要建立一層層不同風味。加入不同食材拌抄，也會增添各種質地。

加入液體 蔬菜煮到開始帶點褐色，即可加入液體，並將黏在鍋底的碎屑刮起。這個步驟稱為「溶解鍋底褐渣」。

加入綠色和柔軟蔬菜 葉菜和櫛瓜在最後增添一點新鮮的質地。這個階段也可以加入香料植物，如一把切碎的羅勒。

極簡小訣竅

▶ 這種很容易變化的蔬菜湯可以幫助你把蔬菜分成幾大類：芳香類（大蒜、洋蔥、芹菜和胡蘿蔔），堅硬（或結實）類，柔軟類（櫛瓜或四季豆），以及葉菜。所以，如果你以這種角度檢視食材表，就可以看看冰箱裡有什麼蔬菜，或商店裡哪些食材看起來品質最好，然後自行組合、搭配。

▶ 要讓蔬菜湯呈現更多風味，可取帕瑪乳酪切下的硬皮，跟著水一起加入，或把一大片外皮切成小塊，最後會煮得很軟，而且真的很美味。

變化作法

▶ **活力蔬菜濃湯：**如果想要以一碗料理解決一餐，可在步驟 **1** 加入 450 克香腸或培根，與芳香蔬菜一起炒。或在步驟 **3** 加入青菜的大約 5 分鐘後，再加 1 杯任一種小型義大利麵，並多加 1 杯水。或等到上菜前再加入 1 杯煮熟的（或罐頭的）鷹嘴豆或白腰豆，煮幾分鐘。

延伸學習

味噌湯

Miso Soup

時間：大約 15 分鐘
分量：4 人份

這會是你所做過最「速食」的湯。

- ⅓ 杯任何一種味噌
- 250 克任何一種豆腐，切成小方塊，非必要
- 4 根青蔥，切碎

1. 6 杯水倒入大湯鍋，以中火煮到水面冒出蒸汽，湯鍋邊緣也出現小氣泡，便舀出 ½ 杯水到小碗裡，放入味噌攪拌至滑順均勻。

2. 轉至中小火，接著把小碗裡的味噌泥加入鍋中。攪拌一、兩次，如果要加豆腐也在此時加入。不要煮到滾沸，只要讓湯加熱一、兩分鐘到豆腐熱透，再加入青蔥拌一下即成。

如果要有一點嚼勁，請用板豆腐；如果喜歡比較軟嫩的質地，則用嫩豆腐。也可以完全不加豆腐。

製作味噌泥 味噌（或任何膏狀或粉狀食材）與熱水或冷水混勻成泥，不要凝結成團。

加入味噌泥 只要拌勻，讓味噌和水加熱一下即可，不要煮滾。

加入其他食材 味噌在水裡化開，就可以加入豆腐或易熟的蔬菜，在湯裡加熱並軟化。

極簡小訣竅

▶ 味噌是用黃豆（或其他豆類）和穀類（通常是米或大麥）與鹽一起發酵製成的糊狀物。請購買以天然方法製成、未經殺菌的味噌，並找裝在塑膠軟管或寬口瓶裡的冷藏品。退而求其次的選擇是不需冷藏的味噌，封裝在塑膠小袋裡。絕對不要買粉狀的產品。各種名稱和種類可能會讓你一頭霧水，只要記得這點就好：味噌的顏色越深，風味越強烈，而包裝上通常會注明顏色，從白色、黃色、紅色到褐色都有。既然料理方法都一樣，不妨試試各種味噌，也許從白色或黃色開始，然後看你最喜歡哪一種。

▶ 一旦打開包裝，所有味噌都要用密封容器裝起來冷藏，這樣可以保存好幾個月。為了避免變質，一定要用乾淨的湯匙舀。

▶ 不要用熬煮的方式溶解味噌，過度加熱會破壞大半的風味和一些營養價值。

▶ 如果想做比較豐富的味噌湯，端上桌前可以加入已經煮熟或泡軟的亞洲麵條、已煮熟且切碎的隔餐肉或海鮮，或炒熟的蛋。

延伸學習

小扁豆湯

Lentil Soup

時間：大約 45 分鐘
分量：4 人份

我向來最喜歡的週末午餐之一，不到 1 小時就可以完成。

- 2 大匙橄欖油
- 1 顆中型洋蔥，切小塊
- 1 條中型胡蘿蔔，切小塊
- 1 根中型芹菜莖，切小塊，葉子可保留作裝飾
- 1 杯乾燥的小扁豆，洗淨並挑揀過
- 3 片月桂葉
- 鹽和新鮮現磨的黑胡椒

1. 油倒入大湯鍋內，以中火燒熱，加入洋蔥拌炒到軟，約 2~3 分鐘。加入胡蘿蔔和芹菜，繼續拌炒到胡蘿蔔變成亮橘色，約 2 分鐘。

2. 加入小扁豆、月桂葉和 6 杯水，撒點鹽和胡椒。煮滾後把火轉小，讓湯內平穩冒泡，邊煮邊攪拌，直到小扁豆變軟，約 25~30 分鐘。如果湯變得太濃，請多加一點水，每次加入 ¼ 杯。

3. 準備上桌之前，先把月桂葉撈出來。嘗嘗味道並調味，用保留下來的芹菜葉作裝飾即成。

我不喜歡把這道湯煮得太濃稠，但如果你喜歡濃稠，可以多加 1/4 杯小扁豆。

假如湯看起來太稀，火可以轉大一點，煮滾收乾液體，但要記得時時攪拌。

清洗豆子 把小扁豆放進濾網裡，放在水龍頭下用冷水沖洗 1~2 分鐘，同時用手指搓洗、挑揀，把小石頭或異物挑出來。

炒軟蔬菜 芹菜、胡蘿蔔與洋蔥一同拌炒，直到胡蘿蔔轉為亮橘色，洋蔥也炒軟且香味四溢。

調整質地 湯煮滾冒泡時，水會漸漸收乾，如果變得太濃，或黏在鍋底，就多加一點水。

極簡小訣竅

▶ 雖然不常發生，但小扁豆裡偶爾會有小石頭或其他異物，甚至帶有其他豆類，最好先挑揀過，邊洗邊去除任何小石頭或其他異物。

變化作法

▶ **蔬菜小扁豆湯：**切一些你喜歡的蔬菜，像是馬鈴薯、蕪菁、蕪菁甘藍或芹菜根，切成 1.2 公分小塊，與小扁豆一起加入湯鍋，這樣也會讓湯變得濃稠。

▶ **小扁豆肉湯：**橄欖油減少成 1 大匙，用這些油先煎 225 克的生香腸切塊、絞肉或切成小塊的培根（這會多花 5~10 分鐘），再如步驟 **1** 加入蔬菜，並接著後續步驟。

▶ **青豆瓣湯：**以去莢的乾青豆瓣取代小扁豆，如同步驟 **2** 的指示烹煮，直到軟化裂開，約 45~60 分鐘。

▶ **小扁豆濃湯：**把所有湯或其中一半攪打成濃湯。攪打成濃湯前，請記得把月桂葉撈出來。

延伸學習

大蒜風味的
白豆湯

Garlicky White Bean Soup

時間：1¼~1¾ 小時（多數時間無需看
顧）

分量：4 人份

很可能是最美味也最簡單的豆類湯
品。

· 1½ 杯任何一種乾燥白豆，洗淨並挑
  揀過
· 1 顆中等的大蒜球，每一瓣都去皮
· 1 大匙切碎的新鮮迷迭香葉，或 1 茶
  匙乾燥的迷迭香
· 橄欖油裝飾用

1. 白豆、大蒜和迷迭香放入大湯鍋，
   加入 6 杯水，以中大火煮滾，火轉
   小，維持平穩冒泡。

2. 滾煮時，每隔 20 分鐘攪拌一下，
   如果變得太濃稠或太乾，多加一
   點水，直到豆子煮軟並裂開，約
   45~90 分鐘，端看使用的豆子種
   類，以及是否事先泡過水。

3. 撒一點鹽和胡椒，用力攪拌，讓豆
   子再分解一點。喜歡的話可以把豆
   子壓碎，也可以將一部分或全部的
   湯攪打成濃湯。嘗嘗味道並調味，
   需要的話多加一點鹽或胡椒，每一
   碗都淋一點橄欖油再端上桌。

果汁機可以打出最滑順
的質地，食物調理機則
會留有一點顆粒感。

查看濃稠度 每隔 20 分鐘左
右攪拌一下，確定湯汁還足
夠。如果看起來太乾，或開始
黏鍋底，則每次加 ½ 杯水。

壓成濃湯 等到豆子變得很軟
而且呈現糊狀，可以用馬鈴薯
搗碎器把其中一部分壓成濃
湯，或全部用果汁機或食物調
理機打到滑順。

極簡小訣竅

▶ 最常見的白豆包括海軍豆、白腰豆、大北方豆等，任何一種白豆都可以做成這種湯。

▶ 這種湯的滑順是來自煮到極軟幾乎要軟爛的白豆。如果煮前豆子先泡水，煮的時間可以節省30分鐘左右。

▶ 使用罐頭豆：估計用2個罐頭（每一罐約450克重），先將豆子瀝乾洗淨。把大蒜切碎，考慮用高湯取代水，這樣會得到比較濃郁的風味。如同步驟 1，所有食材放入湯鍋，煮到蔬菜軟化，約 15~20 分鐘。

變化作法

▶ **蔬菜白豆湯**：步驟 2 煮到最後5 分鐘時，加入 1~2 杯切小塊的青菜，如菠菜、羽衣甘藍、闊葉莙薘菜或綠葉甘藍，煮到青菜全部軟化，約 3~10 分鐘。

▶ **鮮蝦白豆湯**：步驟 2 煮到最後5 分鐘時，將 450 克已剝殼的蝦子加入湯裡，攪拌到蝦子變成粉紅色且不透明，約 3~5 分鐘。

延伸學習

煙燻紅豆湯

Smoky Red Bean Soup

時間：1¼~2 小時（大多數時間無需看顧）

分量：6~8 人份

煙燻味來自豬腳，你要做的只有把湯煮滾，然後就可以去忙別的事了。

- 1½ 杯任何一種乾燥的紅豆，洗淨並挑揀過
- 2~3 塊煙燻豬腳，或 1 根火腿骨
- 1 顆中型洋蔥，切成小塊
- 1 根中到大型的胡蘿蔔，切成小塊
- 1 根中型芹菜莖，切成小塊
- 2 片月桂葉
- 1 茶匙新鮮百里香葉，或一撮乾燥百里香
- 鹽和新鮮現磨的黑胡椒

1. 把豆子和 8 杯水放入湯鍋內，開中大火。加入豬腳、洋蔥、胡蘿蔔、芹菜、月桂葉和百里香。煮滾，把火轉小，維持穩定溫和冒泡。

2. 繼續煮，每隔一陣子攪拌一下，直到豆子煮得非常軟，即將裂開，豬腳肉也快要與骨頭分離，約 60~90 分鐘，端看紅豆的種類，以及事先是否泡過水。需要的話加入更多水，每次加入 ½ 杯，讓混合物在燉煮過程中一直有湯汁。

3. 撒一點鹽和胡椒，攪拌一下，關火。從湯鍋裡夾出豬腳（或骨頭）。如果希望質地更滑順、濃郁，可以用馬鈴薯搗碎器向下壓，把一些豆子壓碎。

4. 等到豬腳冷卻可以處理，從骨頭取下豬腳肉，把肉切成小塊，放回湯裡。把湯煮滾，不時攪拌，如果看起來太濃稠可以加一點水。也可以蓋上鍋蓋先冰起來，最多冰兩天，要吃之前重新加熱。嘗嘗味道並調味，上桌。

如果手邊剛好有火腿骨（剛好吃完烤帶骨火腿），也很適合用來做這道湯。

肉類的選項　煙燻豬腳很容易買到，帶有煙燻風味。也可以用培根取代煙燻豬腳。

煙燻豬腳增添風味　從一開始就放入肉塊，就會有很多時間讓風味釋放到湯裡。

肉裡大部分的油脂已經
融入湯汁，讓湯汁顯得
如奶油般超級滑順。

去骨取肉 肉顯得相當軟嫩就
是煮好了。盡可能把豬腳肉與
骨頭分開，並去除脂肪，然後
切成容易入口的大小，再放回
湯裡。

極簡小訣竅

▌ 腎豆和黑白斑豆是最容易買到
的紅色豆，不過幾乎每一種豆子
都很適合做這道湯，也可以試試
粉紅芸豆、黑豆或白豆，甚至鷹
嘴豆。很多湯放到隔天甚至更好
喝，這種湯尤其如此。重新加熱
時，用中火，不時攪拌，直到開
始沸騰冒泡。或者用微波爐開大
火，一碗碗湯分開加熱，記得中
間停下來攪拌一、兩次。

▌ 若找不到煙燻豬腳和火腿骨，
也可以用 225 克切成小塊的普
通培根或義大利培根取代。如果
用培根，過程中就不必取出來
了。

變化作法

▌ **牛肉紅豆湯**：這樣就沒有煙燻
味，但肉味更濃。用 700 克帶
骨肩胛牛排取代煙燻豬腳，也可
用 450 克燉牛肉。

▌ **蔬菜煙燻紅豆湯**：步驟 1 不放
入煙燻豬腳，改加 1 大匙的煙燻
紅辣椒粉（甜椒粉）搭配蔬菜。
煮到最後 20 分鐘時，視喜好加
入 2 杯切成小塊的番茄（去皮或
不去皮皆可）或蕪菁。

延伸學習 ————

充滿風味的
蔬菜高湯

Full-Flavored Vegetable Stock

時間：1~2½ 小時（多數時間無需看顧）
分量：約 2,800 毫升

實在太簡單了，只要把所有食材丟入湯鍋，就可以去忙別的事了。

- ¼ 杯醬油
- 2 大顆洋蔥（不需去掉外皮），剖半
- 4 大根胡蘿蔔（不需削皮），切大塊
- 4 大根芹菜莖，切大塊
- 1 大顆馬鈴薯，切小塊
- 6 瓣大蒜（無需去皮）
- 15 朵鈕扣菇
- 2 大顆番茄，大略切成小塊（或一個 800 克的罐頭，不必瀝汁）
- 2 片月桂葉
- 6 枝新鮮的歐芹，非必要
- 鹽和新鮮現磨的黑胡椒

1. 醬油、所有蔬菜、月桂葉和歐芹（如果要加的話）放入湯鍋，撒一大把鹽和胡椒。加入 16 杯水，以大火煮到剛好沸騰，把火轉小，維持平穩冒泡。

2. 繼續煮，不要攪動，直到所有蔬菜都變得非常軟，至少 30 分鐘。若要煮出更強烈的風味，可以煮到 2 小時。不時查看，確定一直溫和冒泡。

3. 高湯煮好時，把火關掉，稍微冷卻，把濾網或濾鍋放入大湯鍋，高湯小心倒入濾過。用力壓擠濾網或濾鍋內的蔬菜，盡可能把所有的湯汁都擠出來。在濾過的高湯裡撒一點鹽和胡椒，蔬菜丟棄不要。立刻食用，或放涼後進冰箱保存，最多可冷藏 5 天，冷凍則是 3 個月。

熬煮高湯時，整間屋子都會充滿美好的香氣。

準備蔬菜 除非放不進湯鍋，否則不需切開。洋蔥剖半，因為洋蔥的內部要露出來與水接觸。

調整沸騰狀態 把火力調整成平穩冒泡，而不是劇烈冒泡，你就有至少一個小時不用待在鍋邊看著。

極簡小訣竅

▶ 有了蔬菜高湯，就可以代替水，加入這一章的任何一道湯或燉菜裡，你會很難相信高湯竟然增添了這麼多風味。就算是只熬煮 15 分鐘的蔬菜高湯（用一顆洋蔥、一條胡蘿蔔、一根芹菜莖和一片月桂葉），都比外面賣的加工品好得多。

▶ 洋蔥、大蒜和馬鈴薯的外皮都可為高湯提供風味，所以留著不要去掉，反正之後都會濾掉。燉湯之前把外皮的泥土洗淨或刷掉就好了。

▶ 也可以加入其他蔬菜，像是甘薯、削皮並去籽的冬南瓜、櫛瓜、歐洲防風草塊根，以及 ½ 杯風乾番茄或蘑菇。

▶ 不建議的蔬菜：茄子和燈籠椒會讓高湯變苦。此外，一些風味強烈的蔬菜也不適合，像是蘆筍、青花菜、花椰菜、蕪菁、甘藍、青菜、甜菜（甜菜也會讓高湯變色）或蕪菁甘藍，除非你想讓高湯呈現這些蔬菜的味道。

延伸學習

擠壓蔬菜會讓高湯變得有一點混濁，但我覺得風味比外觀重要多了。

過濾並壓乾　用湯匙背面向下壓擠濾鍋內的固體物，這樣擠壓出來的湯汁擁有最多的風味。

雞高湯
和雞肉湯麵

Chicken Stock and Chicken Noodle Soup

時間：1½~2½ 小時（多數時間無需看顧）

分量：4 人份（外加剩餘的雞肉）

沒錯，從頭做起，你辦得到，而且絕對值得！

· 1 隻 1,350~1,800 公克重的雞，全雞或部分肉塊皆可
· 1 大顆洋蔥（無需去皮），剖半
· 4 大瓣大蒜（無需去皮）
· 3 大條胡蘿蔔，1 條保持完整，2 條切成小塊
· 3 大根芹菜莖，1 根保持完整，2 根切成小塊；保留葉子作裝飾
· 2 片月桂葉
· 6 枝新鮮歐芹，非必要
· 鹽和新鮮現磨的黑胡椒
· 225 克的小型義式麵食，像是貝殼麵、米型麵，或折短的天使細麵

1. 湯鍋內放入雞肉、洋蔥、大蒜、整條的胡蘿蔔、整根的芹菜莖、月桂葉，以及歐芹（視喜好加入）。加入 8 杯水煮到滾，把火轉小，維持溫和冒泡、平穩沸騰。

2. 蓋上鍋蓋燉煮，每隔 15 分鐘輕輕攪拌，直到雞肉完全煮熟，使用雞肉切塊約 30~40 分鐘，使用全雞則需 50~60 分鐘。需要的話加點水，讓水一直淹過雞肉。若要查看熟度，可以用有孔漏勺或夾子小心抬起部分雞肉，用刀刃很薄的刀子刺入，應該不會遇到阻力，而且雞肉從表面到骨頭深處都煮成白色，甚至快要散開了。

3. 用夾子把鍋裡的雞肉小心移到淺碗裡，放涼到可以處理，去除雞皮，把雞肉和骨頭分離，將雞肉切成容易入口的大小。保留 2 杯雞肉煮湯，其餘的冷藏保存。如果有時間，可以把骨頭放回湯鍋裡，讓高湯再慢慢燉煮 15~30 分鐘。

4. 濾網或濾鍋架在大湯鍋上，高湯小心倒進去濾過，向下擠壓蔬菜，盡可能把湯汁全部擠出來，丟棄蔬菜。撈掉表面浮油，應該會得到大約 7 杯的高湯，如果沒那麼多就加點水。撒點鹽和胡椒（如果只是想製作雞高湯，到這裡就完成了）。

5. 以中大火加熱，煮到剛好沸騰，把火轉小，維持平穩冒泡。把切成小塊的胡蘿蔔和芹菜加進去煮，一邊攪拌，直到蔬菜煮成你喜歡的脆度或軟度，約 10~30 分鐘。

6. 加入義式麵食和預留的 2 杯雞肉，調整火力，維持平穩沸騰冒泡，繼續煮到麵食變軟但不軟爛，約 5~10 分鐘。嘗嘗味道並調味，用預留的芹菜葉作裝飾，上桌。

去骨取肉　等到雞肉放涼再進行。把雞骨架拆開看似混亂，其實相當簡單，而且這是得到好湯的唯一方法。

極簡小訣竅

▶ 燉一大鍋高湯只比燉一小鍋麻煩一點點:把食譜的分量放大成 2 倍(或放大成你能夠做的最多分量,用手邊最大的湯鍋來燉),最後把高湯分裝在小容器裡,放冷凍庫冰存。

▶ 如果你有已煮熟沒吃完的義式麵食、麵條、白飯甚至蔬菜,都可以在步驟 6 放入湯裡,煮一下,直到所有材料熱透(約 1~2 分鐘),上桌。

變化作法

▶ **更有風味的雞高湯**:把所有蔬菜和雞肉一起放入湯鍋(多放的芹菜和胡蘿蔔都不用切開),如同步驟 2 燉煮 90 分鐘。再如同步驟 4 的描述,把材料過濾掉,並撈除表面浮油。留下來的雞肉已經不太有味道,不過你還是可以像步驟 3 那樣從骨架取下雞肉,依照喜好運用在其他地方。

延伸學習

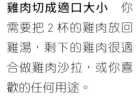  

雞肉切成適口大小 你需要把 2 杯的雞肉放回雞湯,剩下的雞肉很適合做雞肉沙拉,或你喜歡的任何用途。

過濾雞湯 用力擠壓濾網裡的蔬菜和其他材料,把每一滴湯汁都壓出來。高湯會因此變得有點混濁,不過這樣也會有較多的風味。

撈除湯或高湯表面的浮油 拿一支大湯匙斜斜放進湯汁裡,只撈浮油,不要撈到湯汁。如果有時間,也可以把整鍋湯放入冰箱冷藏幾小時,等到油脂凝固後再去除。

高湯的各種選擇

挑一根骨頭

學會如何以前面的方法製作高湯後，基礎概念應該很清楚了：用新鮮的食材，在微微沸騰的水中熬煮夠長的時間，食材就會讓清水充滿風味。

現在都很容易在傳統市場向肉販及魚販買到骨頭熬湯，骨頭會讓許多高湯同時增添風味和黏稠度。幸運的話也許可以得到免費的骨頭，不過還是準備好錢包吧！當你越來越有經驗，開始自己切魚和切肉，就可以把骨頭和切下來的零碎部位用密封袋裝起來，放冷凍庫保存，之後可以用來做高湯。

▶ 肉類高湯最好用多肉的生牛肉、小牛肉、羊肉或豬骨熬製，可以多用一些便宜部位的肉，如頸部和小腿。

▶ 魚高湯最好用零碎部位熬煮，像是白肉魚的魚頭和魚骨。最快速的（有時也是最好的）海鮮高湯是用蝦殼熬煮（或龍蝦殼，如果能夠取得的話）。避免用魚鰓和魚內臟，那會讓高湯變得很苦。

▶ 如果是家禽肉，有好幾種選擇。要得到風味最好的家禽肉高湯，唯一不會失敗的方法是用生的全雞，也可用雞肉塊或火雞肉塊。也可以用吃完肉的烤雞骨架來熬煮少量的高湯（差不多 1 公升），火雞的骨架較大也更有風味，至少可熬出 2 公升。只要有時間，最好用生的骨頭或切除的零碎部位來熬高湯，像是雞翅、背脊骨或幾根雞腿（相對便宜）。

▶ 無論選擇什麼骨頭，水的體積約是骨頭的 3 倍。如果你有 2 杯蝦殼，則與 6 杯水一起放入湯鍋內。接著加入其他食材，每 4 杯水要加入至少 1 顆洋蔥（剖半）、2 大條芹菜莖和 2 大條胡蘿蔔，同時加入幾片月桂葉，或幾枝百里香或歐芹（如果有的話），這些食材全會增添清新的風味，並平衡骨頭（或外殼）的濃郁口感。好了，現在只需跟著本書 64 頁〈雞高湯和雞肉湯麵〉的食譜製作高湯。如果希望熬出風味更豐富的高湯，不妨試試下一頁的技巧。

熬製高湯應該會讓人躍躍欲試，而不是望之卻步。

改變調味和佐料

融入 在熬煮過程中，辛香料和其他風味強烈的食材會把風味融入水中。舉例來說，不妨試著加入幾大匙番茄糊或幾顆乾香菇。1 杯紅酒或白酒永遠是很棒的選擇，除了歐芹以外，幾種香料植物也是，像是百里香、迷迭香或鼠尾草。喜歡大蒜嗎？一整顆未去皮的大蒜球絕對不嫌多。想要煙燻風味嗎？不妨拿一塊燻豬腳或幾片生培根，與其他食材一起丟進去。

亞洲風味 如果你做亞洲菜的時候要用到高湯（像湯麵或熱炒），不妨加入一片 5 公分厚的生薑（不需削皮）、一把修整過的青蔥、1 大匙芝麻油，或一些未經處理的辛香料，如整支肉桂棒，幾粒丁香，或一、兩粒八角茴香。若要做成泰式風味，可扔進一整根檸檬香茅，並用幾枝胡荽取代歐芹。如果要做印度風味的高湯（加進咖哩和香料湯裡會很棒），加入未削皮的薑片和 1 大匙咖哩粉，並用胡荽取代歐芹。

鹽 這也很重要，不過要等到用高湯來實際烹煮時再加入，否則最後可能會太鹹。

用烘烤過的食材製作高湯

任何一種高湯都可以用這種方法加強風味 烤箱預熱至 200℃，把肉類、魚類或家禽肉的肉塊和骨頭（有沒有搭配蔬菜都可以）放到烤盤上。2,700 克左右的食材大約可產生 12 杯高湯。淋上 ¼ 杯橄欖油，把所有東西輕拌一下混勻，再撒一點鹽和胡椒。

烘烤 每隔 20 分鐘攪拌或翻面，直到所有材料的每一面都烤成深褐色，約 40~60 分鐘。不必擔心所有食材是否都烤得很完美，反正到最後所有東西都會浸入水裡，但小心不要烤焦。

烘烤也會讓高湯的色澤變深。

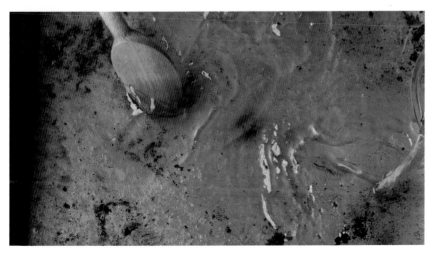

溶解鍋底褐渣 把烘烤過的食材移入湯鍋，將烤盤架在爐口上，開中大火，加入 2 杯水，煮到水開始沸騰冒泡，用鍋鏟把烤盤底部的所有褐渣都刮起來。把烤盤的水倒入湯鍋，加入你想用的所有香料植物或辛香料。加入大約 4 公升的水淹過所有食材，再接著本書 64 頁雞高湯的食譜進行後續步驟。

蛋花湯

Egg Drop Soup

時間：15 分鐘

分量：4 人份

中國餐廳的最愛，使用自製高湯可做出升級版。

- 6 杯雞高湯
- 1 大匙醬油，可依喜好多加
- 4 顆蛋
- 鹽和新鮮現磨的黑胡椒
- 2 根青蔥，切碎
- 1 茶匙芝麻油，可依喜好多加
- ¼ 杯切碎的新鮮胡荽葉，非必要

1. 高湯和醬油放入大湯鍋，以中大火煮滾。同時把蛋打散，並加入少許鹽和胡椒混勻。

2. 高湯煮滾後調整火力，使之溫和冒泡，但不要太劇烈。將蛋液慢慢倒入高湯內，同時持續攪拌。蛋花最好輕柔地散開，不要凝結成塊，所以持續攪拌很重要，直到蛋花煮熟為止，約 1~2 分鐘。

3. 拌入蔥花和芝麻油，然後嘗嘗味道，多加一點鹽、胡椒、醬油或芝麻油調味。喜歡的話可以用胡荽葉作裝飾。

只要不停攪拌，一切就會很棒。

慢慢熬煮高湯 微微冒泡的高湯看起來應該像這樣。如果太熱，蛋花會太快煮熟，最後凝結成大塊；溫度太低，蛋液會溶在湯裡。

加入蛋液 讓高湯維持適當的溫度，再以緩慢、平穩的速度倒入蛋液。

胡荽葉和蛋花
湯非常搭配。

極簡小訣竅

▶ 這道湯就真的不是用水可以解決
的。如果你吃素，或手邊沒有雞高湯，
可運用本書 62 頁〈充滿風味的蔬菜
高湯〉。逼不得已，請用可以找到的
品質最好的包裝高湯。

變化作法

▶ **義式蛋花湯：**不用醬油、青蔥、芝
麻油和胡荽。在步驟 **1** 把蛋打散，並
與 ¼ 杯新鮮現刨的帕瑪乳酪混勻，
多出來的乳酪則可作裝飾，喜歡的話
也可以加一點切碎的新鮮歐芹葉。

▶ **青菜蛋花湯：**無論是依照主食譜或
前述的變化作法，在步驟 **2** 倒入蛋液

攪拌之前，先加 2 杯切成小片的菠菜
或水田芥到沸騰的高湯裡。

▶ **蛋花湯麵：**若是中式蛋花湯，搭配
225 克煮熟的中式蛋麵。如果是義式
蛋花湯，搭配 225 克任何一種煮熟的
義式麵食。

延伸學習 ───────

玉米濃湯
佐切達乳酪

Corn Chowder with Cheddar

時間：約 1¼ 小時

分量：4 人份

濃稠又美味，還帶著爽脆口感。

- 6 根新鮮玉米
- 鹽和新鮮現磨的黑胡椒
- 4 大匙（½ 條）奶油
- 2 根青蔥，蔥白和蔥綠部分切開並分別切碎
- ½ 茶匙的糖
- ¼ 杯中筋麵粉
- 1 杯刨碎的切達乳酪
- 3 杯全脂牛奶，可視需要多加

1. 剝掉玉米苞葉，去除玉米鬚，並把連接莖的部分切掉，使尾端是平的。把玉米穗立在砧板上，用主廚刀切下玉米粒。一邊切，一邊把玉米粒移到碗裡。

2. 玉米軸和 4 杯水放入大湯鍋裡，撒點鹽和胡椒，以中大火煮滾，火轉小，維持溫和冒泡。蓋上蓋子煮，偶爾查看水面是否一直淹過所有玉米軸，直到液體變得相當混濁，約 30 分鐘。丟掉玉米軸，舀出 3 杯清湯，倒入一只中碗或醬汁鍋。剩餘湯頭也可以另外保留起來，不需要為了清鍋而倒掉。

3. 把空湯鍋放回爐上，加入奶油，以中大火煮到奶油融化冒泡，再加入蔥白和糖拌炒到變軟，約 1 分鐘。轉中火，加入麵粉，用木匙持續拌炒，直到變成金色，麵粉聞起來也不再有生味。加入乳酪，攪拌到開始融化，需時不到 1 分鐘。

4. 加入先前保留的 3 杯玉米軸清湯和牛奶，轉中大火。持續攪拌，直到麵粉全部溶解，湯也開始變得濃稠，約 2 分鐘。加入玉米粒煮滾，把火轉小，維持微微沸騰。煮時一邊攪拌，直到玉米粒變軟，湯也十分濃稠，約 10~15 分鐘。如果喜歡稀一點的湯，可多加一點牛奶。嘗嘗味道並調味，以青蔥作裝飾，上桌。

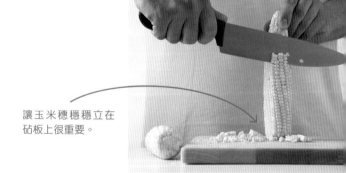

讓玉米穗穩穩立在砧板上很重要。

切下玉米粒 動作慢，小心切，別讓刀刃切到手指。不斷轉動玉米穗，把所有玉米粒都切下來。

極簡小訣竅

▌ 拿著刀子不慌不忙地向下切，否則玉米粒會到處亂飛。有兩個選擇：以主廚刀向下刮，不然就是拿鋸齒刀試著割鋸，很難說哪一種方法比較好，就看你覺得哪一種方法比較順手。

▌ 玉米軸可為湯頭增添甜味，加強玉米的風味。也可以用冷凍玉米粒（估計約 4 杯）煮這道湯，但是要用 3 杯雞高湯或蔬菜高湯取代水，否則湯頭會淡而無味。

變化作法

▌ **其他適用的乳酪**：半軟的牛乳酪，像是格呂耶爾乳酪或愛蒙塔爾乳酪，都會融化得很漂亮，並增添堅果味與乳脂狀。帕瑪乳酪或蒙契格乳酪會提供鮮明而令人愉悅的嚼勁。硬的或軟的山羊乳酪都會增添強烈的風味。或用完全不同的作法，使用不會融化的乳酪，像是菲達乳酪或墨西哥式鮮乳酪，而且不要在步驟 **3** 與麵粉一起加入，而是等到湯煮好準備端上桌前再加入湯鍋內攪拌。不管用哪一種乳酪，都使用相同的分量。硬乳酪就刨碎，軟乳酪則剝碎。

延伸學習

加入麵粉與奶油　持續攪拌，把粉團壓散，炒到變成金色，且聞起來有烤麵包的香氣，接著加入乳酪。

加入玉米清湯　剛開始，湯看起來會稀稀的，而且有很多粉團。別擔心，煮幾分鐘之後就會全部融在一起。

鮮奶油馬鈴薯韭蔥湯

Creamy Potato and Leek Soup

時間：大約 1 小時
分量：4 人份

以這道食譜為本，就能變出各種奶油蔬菜湯。

- 2 大匙奶油
- 3 顆中型馬鈴薯，任一種馬鈴薯皆可，削皮並切成 2.5 公分大小
- 3 根大型韭蔥，只取蔥白和淺綠色部分，洗淨後橫切薄片
- 鹽和新鮮現磨的黑胡椒
- 6 杯雞高湯、牛高湯、蔬菜高湯或水
- ½ 杯鮮奶油
- 2 大匙切碎的新鮮細香蔥，裝飾用

1. 奶油放入大湯鍋內，以中火融化奶油，加入馬鈴薯和韭蔥，撒點鹽和胡椒，拌炒到韭蔥開始變軟，約 3~5 分鐘。

2. 加入高湯，煮滾後把火轉小，維持溫和冒泡。邊煮邊攪拌，直到蔬菜都變得非常軟，約 20~30 分鐘。稍微冷卻後，小心倒入果汁機或食物調理機，需要的話就分批處理，每次不要超過容器的三分之二。以低速或間歇功能攪打，打到可以流動再提高攪打速度，最後打成你喜歡的碎塊狀或滑順狀。

3. 把湯移回湯鍋內，轉中小火煮，拌入鮮奶油。調整火力，維持微微冒泡，不要完全沸騰。邊煮邊攪拌，使湯均勻受熱，約 2~3 分鐘。若晚點才要吃，就蓋上鍋蓋放涼後進冰箱，最多可冷藏 2 天。吃之前嘗嘗味道並調味，以細香蔥裝飾後上桌。

第一批打好的濃湯移到大碗或湯鍋，以同樣的方法攪打更多湯。也可以只用馬鈴薯搗碎器直接在湯鍋內搗壓。

調整火力，讓蔬菜慢慢煮熟而不變色。

出水 煮到蔬菜釋放出一些水分並發亮，但還沒有變成金色。

分批攪打 如果把果汁機或食物調理機的容器裝得太滿，湯汁可能會噴濺出來。請分批攪打，以免浪費。

極簡小訣竅

▶ 韭蔥經常含有沙土,切碎後要放在濾網內清洗,就像葉菜一樣。

▶ 這道湯用高湯來做最美味,不過萬一手邊沒有高湯,用水來煮也很棒。為了讓湯更美味且多一點風味,可以把水減少成 5 杯,鮮奶油再加半杯。

變化作法

▶ **馬鈴薯奶油冷湯:**法式與美式的經典料理,夏天喝這種湯既美味又營養。只要把這道湯冰透再端上桌就行了。可以提早一天事先做好,請記得冷湯通常需要多加一點鹽。

▶ **鮮奶油洋蔥與馬鈴薯湯:**稍微改變風味,用 3 顆中型洋蔥取代韭蔥。把洋蔥剖半,然後切成新月形的薄片。

▶ **其他適用蔬菜:**青花菜、青豆仁、胡蘿蔔、冬南瓜、甘薯、蘑菇或蘆筍。需要的話請修整、削皮並切成小塊。步驟 **2** 的烹煮時間可能稍微不同,要一直盯著,不時試吃。只要蔬菜煮到非常軟,就可以打成濃湯了。

延伸學習

大麥湯搭配
結實青菜

Barley Soup with Hearty Greens

時間：45~55 分鐘

分量：4 人份

嚼勁和滑順結合成完美的質地。

- 2 大匙橄欖油，另外多準備一些作裝飾
- 1 顆中型洋蔥，切成小塊
- 1 大匙大蒜末
- 鹽和新鮮現磨的黑胡椒
- 1 杯珍珠麥
- 7 杯雞高湯、牛高湯、蔬菜高湯或水
- 大約 900 克的結實青菜（像是羽衣甘藍、綠葉甘藍或蒜菜）

1. 油倒入大湯鍋，以中大火燒熱，加入洋蔥拌炒到洋蔥變軟，約 3~5 分鐘。拌入大蒜，撒點鹽和胡椒，炒到散發香氣，至少 1 分鐘。

2. 加入珍珠麥，不斷拌炒，讓每一粒珍珠麥都裹上油脂，直到開始散發香氣且黏在鍋底，約 3~5 分鐘。加入高湯煮滾，把火轉小，維持平穩冒泡。蓋上鍋蓋煮，一邊攪拌到珍珠麥幾乎變軟但還有一點嚼勁，約 20~25 分鐘。如果湯看起來太乾，可加入 1 杯水。

3. 同一時間，以刀子或剪刀把青菜的葉片從菜梗切下。將菜葉和菜梗分開，兩者都大致切小塊。

4. 等珍珠麥差不多煮軟了，轉成中大火，打開鍋蓋，放入菜梗。湯煮滾，加入菜葉，火轉小，維持平穩冒泡。蓋上鍋蓋，煮到珍珠麥完全變軟但不至於軟爛，青菜也呈現亮綠色且煮軟，約 5~10 分鐘。嘗嘗味道並調味，喜歡的話再多加 1~2 大匙橄欖油，上桌。

用剪刀處理也很方便。

珍珠麥炒香 這個步驟會為麥粒增添大量香氣，而且產生嚼勁。

珍珠麥應該發亮且變成金色，如果開始偏向褐色，把火轉小。

把菜葉和菜梗分開 沿著每片菜葉中央的葉脈，由左邊或右邊切斷，於是葉片會變成兩半，也與菜梗分開。

極簡小訣竅

▶ 用水煮也很好，但用高湯一定可以產生更深厚的風味。或加入珍珠麥的同時，加兩片月桂葉或切成小塊的中型芹菜莖和胡蘿蔔。上菜前把月桂葉撈出來。

▶ 結實青菜的菜梗比葉子更粗韌，但富含風味和質地，與其丟棄，不如比葉子早幾分鐘先丟入湯鍋，讓菜梗有足夠的時間煮到變軟。也可以用菠菜、甜菜葉或芥菜葉，如果這些菜的菜梗很粗壯，用相同的方法比照辦理。

變化作法

▶ **蘑菇大麥湯：**不加青菜，而是加入 450 克的蘑菇，先洗淨、大略切成小塊，然後與步驟 **1** 的洋蔥一起放入湯鍋內，拌炒到變軟，加入大蒜，再接著後續步驟。

延伸學習

如果手邊只有比較柔軟的青菜，當然可以用在這裡，但是就不需要把菜葉和菜梗分開了，只要切成適口大小即可。

先煮菜梗 把菜葉和菜梗都切成適口大小，但分成兩堆。菜梗先放入湯裡煮滾。

酸辣湯

Hot and Sour Soup

時間：40 分鐘
分量：4 人份

大量的黑胡椒和米醋就是這道熱門湯品的大絕招。

· 1 大匙芝麻油
· 3 大匙醬油，可依喜好多加
· 3 大匙玉米澱粉
· 225 克不帶骨的豬里肌肉
· 6 杯雞高湯、蔬菜高湯或水
· 1 大匙大蒜末
· 1 大匙磨碎或切碎的生薑
· 225 克香菇，切除蒂頭，香菇切片
· 225 克特別硬的板豆腐，切成 1.2 公分大小
· 2 根芹菜莖，大致切成小塊
· ¼ 杯米醋，可依喜好多加
· 新鮮現磨的黑胡椒
· 鹽
· ¼ 杯切碎的新鮮胡荽葉，裝飾用
· ½ 杯切碎的青蔥，裝飾用

1. 1 茶匙芝麻油、1 大匙醬油、1 大匙玉米澱粉在中型碗裡拌勻。豬肉橫切成薄片，每塊薄片切成條狀，寬度不超過 1.2 公分。肉加入碗中輕拌，讓每一塊肉裹上醬汁醃一下。

2. 同時把高湯、大蒜和薑放入大湯鍋，以中大火煮滾，再加入香菇，火轉小，維持平穩冒泡，煮到香菇變軟，清湯的顏色也變深一點，約 3~5 分鐘。

3. 轉成中火，把湯煮滾，加入豬肉。攪拌到確定豬肉沒有黏在一起，然後煮到豬肉不再是粉紅色，約 1~3 分鐘。接著加入豆腐、芹菜、米醋，撒入大量黑胡椒，倒入剩下的 2 大匙醬油。轉小火，維持溫和冒泡，煮到風味全融在一起，約 1~2 分鐘。

4. 剩餘的 2 大匙玉米澱粉與 ¼ 杯水在小碗中混勻成泥狀，倒入湯裡勾芡，持續攪拌，直到開始變稠，約 1 分鐘。熄火，攪入剩餘的 2 茶匙芝麻油。嘗嘗味道，用鹽、胡椒、醬油或米醋調味。最後以胡荽和青蔥作裝飾，上桌。

醬汁醃肉 在醃醬內加入玉米澱粉，可讓酸辣湯的質地更滑順、柔軟。確定所有的粉團全都攪了散，質地才會滑順。

製作玉米澱粉泥 所有食材都入鍋烹煮，湯也飄出香味，就可以把粉料加水，拌到滑順為止。

極簡小訣竅

▶ 「辣味」來自黑胡椒，「酸味」則來自米醋。請調整兩者的用量，以符合自己的口味。如果不小心其中一種加得太多，不要驚慌，只要用一點高湯或水把湯稀釋一點。

變化作法

▶ **加入雞肉、牛肉、海鮮或豆腐：**不妨把豬肉換成去骨去皮的雞胸肉或雞腿肉、側腹牛排、切成小塊的蝦仁或蟹肉。如果用海鮮，請在步驟 **4** 攪入玉米澱粉泥的 1 分鐘之前，把海鮮加入湯裡。或完全不用肉，改在步驟 **3** 加入 2 倍豆腐。

▶ **酸辣蛋花湯：**如果想要更厚實、對比鮮明的質地，可以像做蛋花湯那樣攪入蛋液（參見本書 68 頁）。在步驟 **4** 加入玉米澱粉泥之後，打散兩顆蛋，將蛋液徐徐倒入湯裡，過程中不停攪拌，直到形成近乎半透明的絲帶狀。

勾芡 加入澱粉泥之後要不停攪拌，讓湯水不斷流動，使玉米澱粉溶解。

完成酸辣湯 持續溫和冒泡，但不要劇烈沸騰。一開始變稠就加入其餘的材料，然後就可以吃了。

蛤蜊濃湯

Clam Chowder

時間：大約 1 小時
分量：4 人份

來自美國新英格蘭地區的美食，當然包含新鮮蛤蜊。

- 大約 1,350 克的小圓蛤，或其他硬殼蛤蜊，仔細刷淨，外殼破損的請丟棄
- 4 片培根（約 120 克），切成小塊
- 1 大顆洋蔥，切成小塊
- 225 克的萬用馬鈴薯，如育空黃金馬鈴薯，喜歡的話先削皮
- 4 杯魚高湯、雞高湯、蔬菜高湯或水
- 1 茶匙新鮮百里香葉，或 ½ 茶匙乾燥百里香
- 鹽和新鮮現磨的黑胡椒
- 1 杯牛奶
- 1 杯鮮奶油或半乳鮮奶油
- 1 大匙奶油，非必要
- ¼ 杯切碎的新鮮歐芹葉，裝飾用

1. 2 杯水倒入大湯鍋，放入蛤蜊，蓋上鍋蓋，以大火煮滾。煮到大多數蛤蜊都打開，約是水開始沸騰之後的 3~5 分鐘，從湯鍋取出蛤蜊，保留煮蛤蜊的水。蛤蜊放涼。

2. 取出蛤蜊肉，如果還有蛤蜊殼是閉合的，請用鈍刀把殼打開，丟掉外殼，把蛤蜊肉切成容易入口的大小。煮蛤蜊的湯汁倒入小碗裡（小心沙子不要倒入），清洗湯鍋並擦乾。

3. 培根放入乾淨湯鍋裡，以中大火拌炒到培根出油且有點酥脆，約 3~5 分鐘。放入洋蔥，拌炒到稍微變軟，約 1~2 分鐘。

4. 同一時間把馬鈴薯切成 1.2 公分左右的丁狀。將高湯、之前煮蛤蜊留下的湯汁、馬鈴薯和百里香放入湯鍋，攪拌到馬鈴薯變軟，約 10~15 分鐘。如果喜歡比較濃稠的湯，可以用馬鈴薯搗碎器把馬鈴薯大致壓碎。

5. 撒點鹽和胡椒，加入牛奶和鮮奶油。火轉小，加入蛤蜊，煮到溫和冒泡，熄火。如果想加入奶油就趁這時，攪拌直到奶油融化。嘗嘗味道，用鹽和胡椒調味，以歐芹裝飾，上桌。

查看蛤蜊 聽著水開始滾沸約 3 分鐘後，看看蛤蜊殼是否打開了。如果大多數的殼都已打開，就不要再加熱。

取出蛤蜊肉 此時雙手是最好的工具，把殼放涼一點，再把肉取下。要在湯鍋上方進行這個步驟，讓湯鍋接住流出的汁液。

極簡小訣竅

▶ 硬殼的蛤蜊（包括小圓蛤、櫻桃寶石簾蛤、簾蛤等）通常外殼會附著一些沙子（裡面則幾乎完全沒有沙子），必須清洗一下，有時甚至要用堅硬的刷子刷洗，而且烹煮前要把蛤蜊放在流動的水裡，一發現有些蛤蜊沒有完全閉合，或外殼略有破損，一定要丟棄。同樣的原則也適用於淡菜和牡蠣。

▶ 就叫我純粹主義者吧，我不喜歡用麵粉把蛤蜊濃湯變得濃稠，那樣會掩蓋掉蛤蜊的細緻風味。

變化作法

▶ **曼哈頓式蛤蜊濃湯**：不用馬鈴薯、牛奶和鮮奶油。在步驟 **4**，放入高湯和煮蛤蜊湯汁的同時，加入 1 杯切成小塊的芹菜，以及 3 杯切成小塊的番茄（罐頭也行，不必瀝汁）。

▶ **魚肉濃湯**：不加蛤蜊，步驟 **1** 改用 2 杯切成小塊的結實白肉魚（如鱈魚或大比目魚）放入水中煮熟，在接著後續步驟。

延伸學習

請丟棄沉澱物　湯鍋底部可能留有一些沙子，小心倒出湯汁，將沙子留在鍋裡，不要倒出。

利用馬鈴薯　對這道湯來說，馬鈴薯所含的澱粉不可或缺。在湯鍋裡把馬鈴薯壓碎一點，加入鮮奶油和蛤蜊。

13 種場合的菜單準備

做自己想做的菜

要列出一餐的組合時，我不會拘泥於一般的慣例。我總是主張：「就吃你喜歡的！」這個方法對初學者而言真是一大福利，畢竟要擔心的大小事實在太多。也因此，這本書把重點放在單一菜色，而不是菜單之類的東西，唯一的例外是基礎的上菜建議。

話說回來，某些指引對擬定菜單還是很有用，特別是要請客、準備一頓大餐的時候。這裡的各種組合可以給你一些想法，不妨由此開始。若不熟悉各道食譜作法，可參照每道菜後面所標示的《極簡烹飪教室》分冊頁次。

營養是飲食的核心，因此擬定菜單時，最少要花費一些心思去留意「平衡飲食」，也就是涵括多種食物。但要吃得好，不必非得是營養學家不可，只要稍微注意風味、質地和色彩等方面的組合，且從最新鮮、加工最少的食材著手，就可以吃得營養，也能夠盡情享用。

有一個重點永遠值得留意：菜餚可以趁熱上桌，也可以放到室溫再吃。關於平常用餐及宴客的時候如何擬定菜單，還可參考本系列第一冊 38 頁及特別冊〈廚房黃金準則〉。

週末早餐的手作菜單

以一道菜為主。也許再搭些肉類，再切一點水果。

· 洋蔥乳酪烤蛋（B1：30）
· 早餐的肉類（B1：11）

豐盛早午餐的手作菜單

如果你做了香蕉麵包、切點鳳梨，而且前一天晚上為香腸準備了燈籠椒和洋蔥，就可以睡得飽飽，等到太陽曬屁股再把所有材料組合起來。

· 切鳳梨（B5：59）
· 洋蔥乳酪烤蛋（B1：30）
· 燈籠椒炒肉腸（B4：34）
· 燒烤或炙烤番茄（B3：66）
· 香蕉麵包（B5：26）

在家用午餐的手作菜單

只要可以搭配沙拉，就一定不會錯。也可以只做一大碗沙拉或熱湯之類的。

· 青花菜肉腸義大利麵（B3：20）
· 碎丁沙拉（B1：84）
· 一條好麵包（B5：10）

或下列這一組……

· 味噌湯（B2：54）
· 亞洲風味沙拉（B1：79）
· 原味的蕎麥麵或烏龍麵條（B3：28）

一群人共進午餐的手作菜單

舉辦午餐派對的壓力會比為一群人準備豪華晚宴還要小，特別是對新手主廚來說，但可以同樣令人讚歎。所有菜餚（甚至捲心菜沙拉）都可以在一、兩天前準備好，需要的話再重新加熱。這一餐可以讓大家坐著享用，也可以採取自助形式。

· 香料植物蘸醬（B1：46）
· 藍紋乳酪焗烤花椰菜（B3：86）
· 烘烤燈籠椒（B1：66）
· 鷹嘴豆，普羅旺斯風味（B3：94）
· 軟透大蒜燉雞肉（B4：68）
· 奶油餅乾（B5：54）

兩個人野餐的手作菜單

很棒的野餐只需要一個保冰桶就夠了。如果野餐地點不遠，甚至連保冰桶都不需要。我喜歡讓野餐很隨意，但是氣氛要好，所以請帶真正的盤子、玻璃杯、叉子、紙巾，並準備桌布或鋪巾，鋪在野餐桌或地面上。如果是臨時的小型野餐，隔夜菜是最好的方法。假如你不想準備這整套菜單，可以用手邊現有的東西取代，有什麼就吃什麼。

- 烤雞肉塊，吃冷食（B4：66）
- 地中海馬鈴薯沙拉（B1：98）
- 燕麥巧克力脆片餅乾（B5：52）

辦公室午餐的手作菜單

帶前一天做的隔夜菜，沒有什麼比這個更棒。

每日晚餐的手作菜單

不必做得比午餐更豪華或更豐富。也許可以加上點心。

- 雞肉片佐快煮醬汁（B4：58）
- 迷迭香烤馬鈴薯（B3：64）
- 清蒸蘆筍（B3：60）
- 桃子（或其他水果）脆餅（B5：60）

每日蔬食晚餐的手作菜單

現在很多人開始試著一週至少騰出一晚不吃肉，這真的不難做到！

- 西班牙風味小扁豆配菠菜（B3：96）
- 米飯（B3：34）
- 楓糖漿蜜汁胡蘿蔔（B3：68）
- 覆盆子雪酪（B5：70）

室內烤肉派對的手作菜單

隆冬時分讓家裡充滿夏日氣息是最棒的。邀請一些人來家裡，辦場派對吧！

- 快速酸漬黃瓜（B1：56）
- 辣味捲心菜沙拉（B1：88，把食譜放大成 2 倍的量）
- 煙燻紅豆湯（B2：60）
- 炭烤豬肋排（B4：42）
- 玉米麵包（B5：24）
- 椰子千層蛋糕（B5：76）

義式麵食派對的手作菜單

我不是很喜歡把義式麵食做成沙拉，因為冷的時候嚼起來有點累。不過有些義式麵食在常溫下非常美味，所以這套菜單很適合用來宴客。策略是這樣的：前幾天預先烤好餅乾；一天前把義式千層麵的材料組合起來，並預先準備好所有蔬菜，全部放進冰箱冷藏。客人預計到達的 1 小時前把義式千層麵從冰箱裡拿出來；煎蘑菇，把烤盤放入烤箱。趁著烤千層麵時，準備好其他義式麵食，並拌些沙拉。然後以熱騰騰的千層麵為主菜，其他菜餚當「配菜」。

- 凱薩沙拉（B1：86，需要的話，食譜分量可增至 2 或 3 倍）
- 肉醬千層麵（B3：26）
- 青醬全麥義大利麵（B3：22）
- 青花菜義式麵食（B3：21）
- 煎煮蘑菇（B3：70）
- 榛果口味的義式脆餅（B5：58）

家常煎魚的手作菜單

非常適合週六的晚餐，或任何一天的晚餐也很棒。別出心裁的亞洲風味也讓這一餐格外適合聚餐。

- 酥脆芝麻魚片（B2：18）
- 生薑炒甘藍（B3：62）
- 米飯（B3：34）
- 爐煮布丁（B5：66）

餐廳水準的晚餐派對手作菜單

有好幾種形式可以選擇，不妨從最複雜的開始：一道道菜陸續上桌，一盤裝 1 人份。也可以採取家庭聚餐形式。或設置成自助取餐方式。

- 義式烤麵包（B1：58~61）
- 輕拌蔬菜沙拉（B1：78）
- 香料植物烤豬肉（B4：38）
- 蘑菇玉米糊（B3：52）
- 酥脆紅蔥四季豆（B3：78）
- 巧克力慕斯（B5：68）

雞尾酒派對的手作菜單

把預先做好的食物擺成豐盛的自助餐形式，看起來是最簡單的方法，而且菜餚的數量也可以很有彈性。就讓每道菜的分量幫助你估計可以讓多少人吃飽，需要的話可以把食譜的分量變成 2、3、4 倍，然後把所有菜餚的份數加總起來，於是你準備的總量會比全部的人數稍微多一點。

舉例來說，如果你邀請 20 人，則預估的總量是 30 份。不需要讓每一道菜都足夠所有人吃，假如你很有雄心壯志（而且樂於忙個不停），不妨做些一直要待在廚房裡看著的菜，讓客人到處閒逛。

- 甜熱堅果（B1：43）
- 義式開胃菜，依照你的喜好組合搭配（B1：38）
- 魔鬼蛋（B1：62）
- 鑲料蘑菇（B1：68）
- 烘烤奶油鮭魚（B2：20）
- 辣醬油亮烤雞翅（B4：65）
- 油炸甘薯餡餅（B1：72）
- 布朗尼蛋糕（B5：48）

極簡烹飪技法速查檢索

如果擁有一整套的《極簡烹飪教室》，當你需要更熟練某一種技巧，或是查詢某食材的處理方法，便可從本表反向查找到遍布全系列各冊中，列有詳細解說之處。

準備工作

烹飪技巧

重要名詞中英對照

八角茴香	star anise
大比目魚	halibut
大北方豆	Great Northern bean
小牛肉	veal
小扁豆（金麥豌豆）	lentil
小圓蛤	littleneck clam
干貝	scallop
天使細麵	angel hair/capellini
比目魚	flounder
牛肩胛肉	beef chuck
去莢的乾青豆瓣	split pea
去腸線	deveining
玉米澱粉	cornstarch
甲殼類	crustacean
白腰豆	cannellini bean
米型麵	orzo
西班牙冷湯	gazpacho
吳郭魚	tilapia
牡蠣（蠔）	oyster
足絲	beard
岩蟹	rock crab
肩胛牛排	chuck steak
芥菜	mustard
珍珠麥	pearled barley
紅豆	red bean
紅鯛	red snapper
美國西北環太平洋地區韭蔥	Pacific Northwest leek
香菇	shiitake mushroom
海干貝	sea scallop
海軍豆	navy bean
海鱸	sea bass
真鰈	sole
粉紅芸豆	pink bean
馬鈴薯奶油冷湯	vichyssoise
馬鈴薯搗碎器	tomato masher
高湯	stock
側腹牛排	flank steak
條紋鱸魚	striped bass
殺菌的	pasteurized
清湯	broth
甜瓜	melon
甜椒粉	pimenton
軟體動物	mollusk
魚片	fillet
普羅旺斯燉菜	Ratatouille
絞肉	ground meat
腎豆／腰豆	kidney bean
恭菜	chard
蛤蜊	clam
蛤蜊濃湯	clam chowder
貽貝	mussel
黑白斑豆	pinto bean
塔塔醬	tartare sauce
愛蒙塔爾乳酪	Emmental cheese
溫水慢煮	poach
溶解鍋底褐渣	deglaze
義大利培根	Pancetta
義大利蔬菜濃湯	minestrone
義式蛋花湯	straciatella/ stracciatella
義式麵食	pasta
旗魚	swordfish
碳酸化作用	carbonation
綠葉甘藍（西洋型芥藍）	collard
蒙特雷灣水族館	Monterey Bay Aquarium
蒜味蝦	shrimp scampi
蒜香番茄醬	marinara
歐洲防風草塊根	parsnips
膠原蛋白	collagen
蝦蟹貝類	shellfish
豬里肌肉	pork loin
豬腳	ham hock
濃湯	bisque
螯蝦	crawfish
鮪魚	tuna
檸檬香茅	lemongrass
簾蛤	quahog
鯖魚	mackerel
鯰魚	catfish
鰈魚	flatfish
櫻桃寶石簾蛤	cherrystone clam
鱈魚	cod
鱒魚	trout

換算測量單位

公制的概略換算

測量單位

¼ 茶匙	1.25 毫升
½ 茶匙	2.5 毫升
1 茶匙	5 毫升
1 大匙	15 毫升
1 液盎司	30 毫升
¼ 杯	60 毫升
1/3 杯	80 毫升
½ 杯	120 毫升
1 杯	240 毫升
1 品脫（2 杯）	480 毫升
1 夸特（4 杯）	960 毫升（0.96 升）
1 加侖（4 夸特）	3.84 升
1 盎司（重量）	28 克
¼ 磅（4 盎司）	114 克
1 磅（16 盎司）	454 克
2.2 磅	1 公斤（1,000 克）
1 英寸	2.5 公分

必備的換算單位

體積轉換為體積

3 茶匙	1 大匙
4 大匙	¼ 杯
5 大匙加 1 茶匙	1/3 杯
4 盎司	½ 杯
8 盎司	1 杯
1 杯	240 毫升
2 品脫	960 毫升
4 夸特	3.84 升

體積轉換成重量

¼ 杯液體或油脂	56 克
½ 杯液體或油脂	112 克
1 杯液體或油脂	224 克
2 杯液體或油脂	454 克
1 杯糖	196 克
1 杯麵粉	140 克

烤箱溫度

描述	華氏溫度	攝氏溫度
涼	200	90
火候非常小	25	120
小火	300–325	150–160
中小火	325–350	160–180
中火	350–375	180–190
中大火	375–400	190–200
大火	400–450	200–230
火候非常大	450–500	230–260

How to Cook Everything the Basics:
All You Need to Make Great Food

《極簡烹飪教室》
系列介紹

人人皆知在家下廚的優點，卻難以落實於生活中，讓真正的美好食物與生活同在。這其實都只是欠缺具組織系統的教學、富啟發性的點子，以及深入淺出的指導，讓我們去發掘自己作菜的潛能與魔力。《極簡烹飪教室》系列分有 6 冊，在這 6 冊中，將可以循序漸進並具系統性概念，且兼顧烹飪之樂與簡約迅速的原則，從 185 道經典的跨國界料理出發，實踐邊做邊學邊享受的烹飪生活。

— **Book 1** —

早餐、點心與沙拉

44 道難度最低的早餐輕食，起步學作菜。

極簡烹飪教室 1：早餐、點心與沙拉
Breakfast, Appetizers and Snacks, Salads
ISBN 978-986-92039-7-5 定價 250

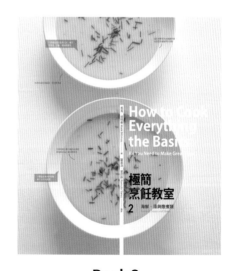

— **Book 2** —

海鮮、湯與燉煮類

30 道快又好做的料理，穩扎穩打建立自信心。

極簡烹飪教室 2：海鮮、湯與燉煮類
Seafood, Soups and Stews
ISBN 978-986-92039-8-2 定價 250

— Book 3 —

米麵穀類、蔬菜與豆類

37 道撫慰人心的經典主食，絕對健康營養。

極簡烹飪教室 3：米麵穀類、蔬菜與豆類
Pasta and Grains, Vegetables and Beans
ISBN 978-986-92039-9-9 定價 250

— Book 5 —

麵包與甜點

收錄 35 道經典百搭的可口西點。

極簡烹飪教室 5：麵包與甜點
Breads and Desserts
ISBN 978-986-92741-1-1 定價 250

— Book 4 —

肉類

35 道風味豐富的進階料理，準備大展身手。

極簡烹飪教室 4：肉類
Meat and Poultry
ISBN 978-986-92741-0-4 定價 250

— 特別冊 —

廚藝之本

新手必備萬用指南，打造精簡現代廚房。

極簡烹飪教室：特別本
Getting Started
ISBN 978-986-92741-2-8 定價 120

極簡烹飪教室 2　海鮮、湯與燉煮類

How to Cook Everything The Basics:
All You Need to Make Great Food
— Seafood, Soups and Stews

作者	馬克・彼特曼 Mark Bittman
譯者	王心瑩
編輯	郭純靜
副主編	宋宜真
行銷企畫	陳詩韻
總編輯	賴淑玲
封面設計	謝佳穎
內頁編排	劉孟宗
社 長	郭重興
發行人	曾大福
出版總監	曾大福
出版者	大家出版
發 行	遠足文化事業股份有限公司
	231 新北市新店區民權路 108-4 號 8 樓
	電話 (02)2218-1417　傳真 (02)8667-1851
	劃撥帳號 19504465　戶名 遠足文化事業有限公司
法律顧問	華洋法律事務所　蘇文生律師
定 價	250 元
初版	2016 年 3 月

HOW TO COOK EVERYTHING THE BASICS:
All You Need to Make Great Food-With 1,000 Photos by Mark Bittman
Copyright © 2012 by Double B Publishing
Photography copyright © 2012 by Romulo Yanes
Published by arrangement with Houghton Mifflin Harcourt Publishing Company
through Bardon-Chinese Media Agency
Complex Chinese translation copyright © 2016
by Walkers Cultural Enterprises Ltd. (Common Master Press)
ALL RIGHTS RESERVED

國家圖書館出版品預行編目 (CIP) 資料

極簡烹飪教室 . 2, 海鮮、湯與燉煮類 / 馬克・彼特曼 (Mark Bittman) 著，王心瑩譯 .
— 初版 . — 新北市 : 大家出版 : 遠足文化發行 , 2016.03
面 ; 公分 ; 譯自 : How to cook everything the basics : all you need to make great food
ISBN 978-986-92039-8-2(平裝)
1. 海鮮食譜
427.1　　104029144